この1冊で
もう迷わない

包丁・砥石の

方方
びい方
選使て
育

柴田書店

はじめに

日本料理の世界には、「割主烹従」という言葉があります。
「割」、すなわち食材を切る仕事が第一で、次に「烹」、
すなわち火を使った加熱調理がこれに続くという価値観を表した言葉です。

料理の多くは、まず包丁で食材を切ったり、掃除したりするところからはじまります。
あるいは、仮に塊で肉や野菜を焼いたとしても、その総仕上げとして厨房か、
あるいは食卓で、切れ味のよい包丁やナイフで食材を食べやすい大きさに切って、
口に運ぶことになります。

料理において、それだけ「切る」という仕事は
欠かせない工程だということです。

この重要な「切る」仕事を一手に引き受ける「包丁」は、
はたして正しく理解され、選ばれ、使われ、ケアされているのでしょうか。

必ずしもそうとはいい切れない現実もあるかと思います。

鋼材や製法、つくり手やメーカーによって、その特徴や用途が大きく異なり、
また、その精巧で繊細なつくりゆえに、気をつけなくてはいけない点や、
起こり得るトラブルも多くあります。

全容を掴むにはあまりに複雑で、適切に使い、育てるにはあまりに手がかかる。

ですが、自分に最適の1本を選び、これを使いこなし、
大切に育て上げていくことができたら、
これ以上心強い厨房の相棒はいないのではないでしょうか。

本書を手に取ってくださった皆さんが、
そうした、厨房における最高の味方を見つけるためのヒントを
この本の中に見出してくださったら、そんな嬉しいことはありません。

Contents

Chapter 2
包丁・砥石の使い方

Chapter 3
包丁・砥石の育て方

撮影　天方晴子、上仲正寿、高見尊裕、宮本信義

アートディレクション　細山田光宣

デザイン　能城成美（細山田デザイン事務所）

DTP　明昌堂

編集　佐藤友紀

包丁とは

料理に使う刃物のことを日本では包丁（庖丁）と呼んでいます。庖丁という言葉は古代中国から渡ったもので、紀元前300年頃の中国の思想家、荘子の残した文章の中に、その起源があります。その起源というのが、時の君主、文恵君に仕えた調理人「庖丁」の、刀一本で牛を骨と肉とにさばいてしまうほどの達者な刀さばきと、彼の求道心に文恵君が感銘を受けるという話です。庖丁というのはその名調理人の名前であったとする資料も多いですが、「庖」は台所を指し、「丁」は成年に達した男子を指す漢字であることから、「料理に従事する人」としての職名、もしくは一般名称として登場した名とも解釈ができます。

平安時代になると、庖丁という料理人を意味する言葉が日本にも渡って来ました。庖丁が使っていた刀のことを庖丁刀と呼んでいたものの、やがて「刀」が省略されて庖丁が料理用の刀そのものを指す言葉になっていったようです。

1797年に刊行された、日本各地の食にまつわる名産品を紹介する書物『日本山海名物図会』には、「堺包丁」という項があり、ここにも庖丁が荘子の故事から来た言葉である旨が記されています。

「荘子にいはく庖丁能く牛を解く、庖丁はもと料理人の名なり。その人つかひたる刃物なればとてつねに庖丁を刃物の名となせり。むかし何人かさかしくもろこしの故事を名付けそめけん。今は俗に返してその名ひろまれり」

ところで、日本料理の世界には、「割主烹従」という言葉があります。「割烹」と「主従」を組み合わせた言葉で、読んで字のごとく、「割」すなわち包丁を使った切る仕事が第一で、「烹」すなわち火を使う加熱仕事がこれに続くという教えです。

西洋料理においては、「ストーブ前」という火入れを司るポジションが花形で、これはシェフの仕事であり、見習いはまず包丁を使った切り仕事からはじまる、という割主烹従の真逆をいく価値観が昔からあります。この価値観の違いが生まれた背景に、両者間で手に入る食材の質や鮮度、そして水の硬度などの差があったであろうことは、想像に難くありません。しかしながら、どこにいても比較的新鮮で良質な食材が手に入りやすくなった今となっては、話は変わってくるはずです。新鮮で良質なその食材に対しての最初のアプローチとなる切り仕事が雑だと、せっかくの鮮度や質も損なわれかねません。食材を「切れればよい」のか、それとも「おいしく綺麗に切りたい」のか、この意識の違いは、いくらその後の火入れや仕上げの工程に力を入れたとしても、仕上がりに差をもたらすはずです。

『日本山海名物図会』より 「堺包丁」の項。大阪・堺でつくられる庖丁の紹介とともに、由来を記載している

横山大観の「游刃有余地」（1914年）。荘子の文章を題材に、「庖丁（左）」と「文恵君（右）」を描いた作品

世界における刃物の歩み

世界における包丁、もとい刃物の歴史を紐解こうとすると、事の起こりはなんとおよそ200万年以上前にまで遡ることができます。諸説ありますが、260万年前のエチオピアで、鋭利な石器を刃物のように使った遺跡が見つかったとされています。当時は旧石器時代に区分される時代で、その名の通り、石製の道具がつくられはじめた時期です。そこから長い年月をかけて、さまざまな地域に石器の文化が訪れます。時代や地域によって、花崗岩や黒曜石、チャートやフリントなどさまざまな種類の石が刃物として使われました。こうした原始の刃物はその材質を変えながら、今日の包丁、ナイフにつながる形で連綿とつくられ、使われ続けていきます。

ちなみに、こちらも諸説あるものの、人類が火を使うようになったのは100万年ほど前、古くて200万年前といわれており、われわれは「加熱」よりも前に「切る」行為を知っていたと考えられているのです。

やがて紀元前3000年頃になると、メソポタミア周辺を起点として、青銅器時代と呼ばれる時代が到来します。青銅器時代とはその名の通り、青銅を使った道具を使う時代を指しますが、この青銅とはどんな素材でしょう。当時人類は、鉱石を加工して純度の高い金属を取り出す、冶金技術を手に入れつつありました。そのうち冶金によって錫を取り出し、これを銅と溶解させ、混ぜ合わせ

黒曜石。その鋭利な形状から、石器時代には世界各地で刃物として使われていたと見られる

ることを覚えたのです。これが青銅で、つまりは錫と銅が合わさった合金というわけです。人類はこの青銅でナイフを作ることにも挑戦し、これが人類初の金属製のナイフとなるわけですが、石製の刃物が青銅製のものに取って代わられたかというと、実はそういうわけでもありません。青銅というのは比較的柔らかい素材で、刃物には向かない素材だったため、人類の多くはこの文化が到来しても、岩石を使った道具で切る行為をしていたとされています。

この後、青銅よりも硬さのある鉄が生まれます。紀元前1500年頃にアナトリア半島（現在のトルコ共和国が位置するところ）を中心にして製鉄技術が盛んとなったことで、鉄が刃物の素材としても活用されていくわけです。こうして大まかには、石から青銅へ、青銅から鉄へと材料を変えながら刃物の歴史は続いてきました。とはいえ、今日、純粋な鉄製の包丁を使う人がいないように、純鉄もまた包丁として最適な素材ではありません。純鉄というのは非常に柔らかいためです。ここでいう鉄とは、純鉄に適切な量の炭素を加えて硬さを強めた鋼鉄のことで、いわゆる「鋼」です。実は同地では鋼の誕生よりもはるか昔に鉄鉱石から鉄をつくる技術が生まれていたものの、これの強度を高めた鋼を生み出す技術が開発され、世に広まった紀元前1500年頃がこの鉄器時代の幕開けであったというわけです。その後にアナトリア半島以外でも、インドや中国などで鋼をつくる技術も生まれていったようですが、これを大量生産することは、どの文明圏においても近代までは叶わなかったのです。しかし、18〜19世紀のイギリス産業革命のうねりの中で、鋼鉄の大量生産がはじまります。今日われわれが目にする鉄製品——刃物に限らず、機械や乗り物、建造物など——のほとんどは鋼鉄製です。

近代から今に続く鋼鉄製造の方法（大量生産できるようになった製法）では、まず原料となる鉱石に熱処理を施して還元させ、銑鉄と呼ばれる物質を

得ます。この銑鉄は炭素を多く含み、非常に硬く加工が難しいため、次に炭素量を約2％以下になるまで調整し、他のケイ素やリンなどの不純物も除去していくのです。大きく分けてこの2段階の工程を踏んでつくられています。この工程を経ることによって、鋼鉄製の刃物は硬く、またシャープな切れ味を実現しているわけです。

　しかしながら、和包丁をお使いの方にはなじみ深いように、鋼はすぐに錆びてしまうというウィークポイントも持っています。この錆びは、鋼鉄の中の物質が酸素と化合して酸化することによって引き起こされる現象です。とはいえ、このやっかいな錆びは鋼鉄製包丁の病気などではありません。そもそも鋼鉄の原料である鉱石は、酸化鉄といって鉄の酸化物を主成分としています。つまり、この鉱石は自然界には「酸化した状態で存在していることがデフォルト」であるということです。酸化状態が常であったはずの鋼鉄が空気中に含まれる酸素を遮断されない限り、これと化合して元の酸化鉄の状態に戻ろうとしてしまうのは、自然な現象というわけです。

　この錆びなどの腐食に耐性を持つ鋼鉄として開発されたのが、近年の洋包丁の素材の主流となった「ステンレス鋼」です。ステンレスは英語で書くと「stainless」。stainは汚れやシミを意味するため、これが「less」であるということは汚れやシミがない、転じて錆びがないということ。厳密にはステンレス鋼も錆びてしまうことはあるため、錆びないわけではありませんが、鋼（ハガネ）と比べると錆びへの耐性は圧倒的です。

　包丁の世界では「錆びる鋼」と「錆びないステンレス」という二項対立で語られることがあり、このために二者がまったく異なる材質であるという認識を持っている方も多いようですが、ステンレス鋼は鉄にクロムという元素を加えて作る合金鋼で、あくまで鋼鉄の一種です。ステンレス鋼の錆びにくさは、クロムの働きによるものです。実は、ステンレス鋼が空気に触れると、他の元素が

1894年、イギリスの製鉄所を描いたイラスト。蒸気ハンマーを利用して柱のようなものを鍛造している。イギリス帝国の黄金期ともいわれる経済の発展をもたらした産業革命の柱の一つには、この鋼鉄の大量生産がある

反応するよりも先にクロムが酸素と化合して表面にきわめて薄い酸化皮膜をつくるのです。この膜があることによって、中まで錆びが侵入するのを防ぎつつ、また膜が薄く無色透明であるために、内側の光った部分が透けて見え、いつまでも輝きを失わないわけです。

　このステンレス鋼は1900年代のヨーロッパを中心に基礎研究が発展し、1910年代には工業的、産業的に実用化しました。第一次世界大戦が勃発していたその裏で、イギリスではステンレス鋼製ナイフの生産がはじまっていたわけです。これが今日まで脈々と続き、ステンレス鋼製の包丁は、今や世界的な包丁マーケットの大部分を占める主素材となっています。

　ここまでの刃物の歴史は、あくまでも原料の変化から見た大まかな流れになります。局地的に見れば、青銅器時代というものが存在しなかったエリアもあれば、鉄器時代そのものが訪れなかったエリアも存在するため、石から青銅、青銅から鋼鉄へという流れが全世界的に一概に該当するわけではありません。しかし大きな目で見れば、原料を変えながらも人類が「食べるために切る」という行為を箸やスプーン、フォークなどを手にするようになるはるか昔から続けてきたことは、疑いようのない事実なのです。

日本における包丁の歩み

	奈良時代	平安時代	鎌倉時代	室町時代	江戸時代初期	江戸時代中期	江戸時代後期	明治	大正	昭和～
日本刀型	━	━	━	━	━					
刀子型		━	━	━						
式包丁型				━	━	━				
幅広包丁						━	━	━	━	━
出刃包丁							━	━	━	━
薄刃包丁							━	━	━	━
刺身包丁							━	━	━	━
牛刀								━	━	━
三徳包丁										━

現存する日本の最古の包丁は奈良時代につくられた鉄製包丁であるといわれ、現在、奈良県の正倉院に10本所蔵されています。奈良に都があった時代のものと考えると、今から1200年以上前の、8世紀前後のもの。日本には弥生時代に青銅器と同時に鉄器が入ってきたとも、また6世紀には砂鉄を原料とした製鉄技術が確立されていたともいわれているため、奈良時代よりも前に、鉄製の包丁が存在していた可能性は充分考えられます。

鉄製といっても鋼鉄でつくられたものですが、形状を見てみると現代の包丁とは異なり、日本刀のように柄も刀身も長く、アゴのない形をしています。当時はまだ、調理用の包丁を他の刃物と呼び分けることをせず、一様に「かたな」と読んでいたようです。この日本刀型の包丁は各地で17世紀に至るまで、約900年間も使われていたといいます。主な用途は魚を切ること。その間、この日本刀型の他に使われていたのは、これを小さくした短刀のような刀子型や、アゴが付いて刃の幅が広くなった包丁（庖丁式で使われるため、式包丁ともいわれる）などがあります。これらは17世紀に出版された、当時の人々の暮らしぶりについて記してある風俗事典『人倫訓蒙図彙』などでも絵で確認することができます。

やがて江戸時代中期に差し掛かると、アゴがあり、切っ先に向かって刃が幅広くなった幅広包丁にはじまり、出刃包丁、薄刃包丁、刺身包丁が次々に生まれました。和包丁に関して、江戸時代には今ある形状はほとんど出揃ったことになります。

幕末、長かった鎖国時代が終わり、西洋諸国の文化が流れ込みます。西洋料理店やホテルができ、明治元年である1868年にそれまで長らく禁じられていた肉食が解かれたことも相まって、肉切り包丁としての洋包丁「牛刀」が日本に入ってくるわけです。昭和に入ると、家庭用包丁として牛刀や菜切り包丁、出刃包丁の特徴を組み合わせた三徳包丁も登場します。ここまで、日本で使われてきた多彩な形の包丁の出現と終わりを大まかに記したものを、図として上掲しています。

材料に着目すると、製鉄技術が確立されてからしばらくの間、包丁の材質は錆びる"ハガネ"一辺倒です。そこに、1910年代にイギリスで錆びに強い鋼の開発に成功したことを皮切りに、日本国内でもステンレス鋼の製造がはじまりました。やがて二度の世界大戦を経て、高度経済成長期に入ると量産化技術が進展したことで、日本はステンレス鋼の生産量トップシェア国に躍り出ます。アジア諸国の急成長によって90年代には1位の座を譲り渡しはしたものの、現在に至るまで依然としてステンレス鋼の主要生産国として市場を支えているのです。日本が世界中に誇る包丁名産国として知られるようになった背景には、ハガネとステンレス鋼、いずれの包丁づくりの技術も磨き続けてきた歴史があったといえるかもしれません。

包丁・砥石の

選び方

Chapter 1

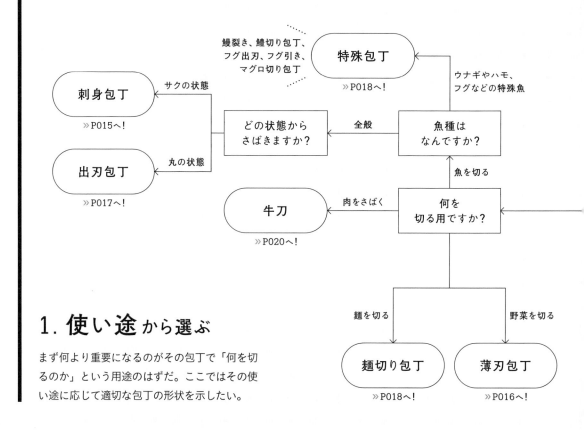

1. 使い途 から選ぶ

まず何より重要になるのがその包丁で「何を切るのか」という用途のはずだ。ここではその使い途に応じて適切な包丁の形状を示したい。

包丁選び方チャート

包丁は、形、材質、寸法と多種多様にあるだけに、選び方によってそれが「生涯の相棒」になり得るか、あるいはそれを持て余してしまうかが変わってくる。自身の用途や使用頻度、あるいは体格などに見合った1本を見つけることができたら僥倖だろう。そんな運命の1本に巡り合うためのヒントをここではフローチャート形式で示したい。

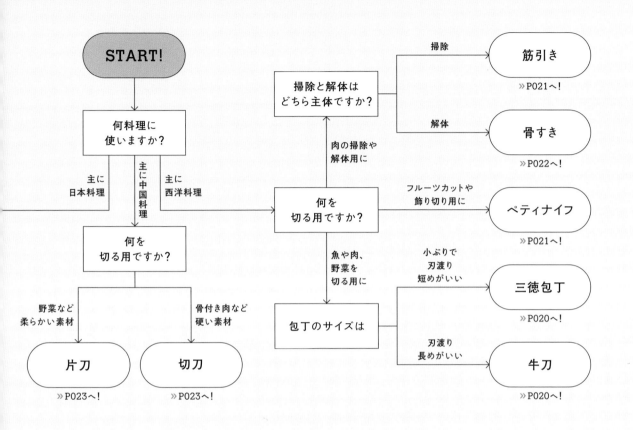

START!

何料理に使いますか？

主に日本料理 → 何を切る用ですか？
- 野菜など柔らかい素材 → 片刀 »P023へ！
- 骨付き肉など硬い素材 → 切刀 »P023へ！

主に中国料理

主に西洋料理 → 何を切る用ですか？
- 肉の掃除や解体用に → 掃除と解体はどちら主体ですか？
  - 掃除 → 筋引き »P021へ！
  - 解体 → 骨すき »P022へ！
- フルーツカットや飾り切り用に → ペティナイフ »P021へ！
- 魚や肉、野菜を切る用に → 包丁のサイズは
  - 小ぶりで刃渡り短めがいい → 三徳包丁 »P020へ！
  - 刃渡り長めがいい → 牛刀 »P020へ！

2. 使い心地から選ぶ

包丁の形状が決まれば次に、使い心地から最適な鋼材を考えたい。使い心地とは、機能に加えて包丁にどんなことを求めるか、ということだ。

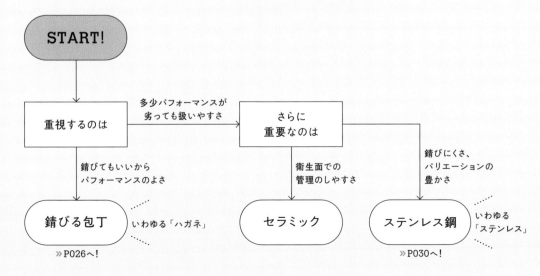

START!

重視するのは
- 錆びてもいいからパフォーマンスのよさ → 錆びる包丁 いわゆる「ハガネ」 »P026へ！
- 多少パフォーマンスが劣っても扱いやすさ → さらに重要なのは
  - 衛生面での管理のしやすさ → セラミック
  - 錆びにくさ、バリエーションの豊かさ → ステンレス鋼 いわゆる「ステンレス」 »P030へ！

3. 産地の特徴から選ぶ

日本には包丁の名産地がいくつか点在する。その産地における包丁造りの特徴から、自分好みの1本を見つけてみるのも一興だ。

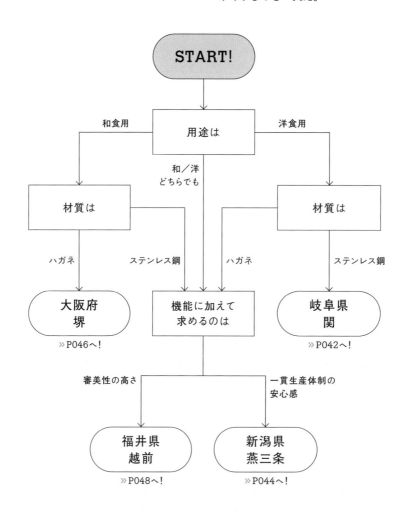

START!

用途は
— 和食用
— 洋食用
— 和／洋 どちらでも

材質は
— ハガネ
— ステンレス鋼

材質は
— ハガネ
— ステンレス鋼

大阪府 堺 »P046へ！

機能に加えて求めるのは

岐阜県 関 »P042へ！

審美性の高さ

一貫生産体制の安心感

福井県 越前 »P048へ！

新潟県 燕三条 »P044へ！

---

memo

大阪府・堺

緻密な温度管理によって生み出される刃の切れ味のよさから、古くから「包丁といえば堺」のイメージが根付く。分業制が敷かれ、1本の包丁を造るために、何人もの職人の目と手を介する。

岐阜県・関

ステンレス製洋包丁の需要に支えられ、包丁の国内シェア1位を誇る関。早くからオートメーション化に取り組むが、機械と職人技術を共存させて良質な包丁を量産できる体制を築いている。

新潟県・燕三条

鋼の包丁産地として栄えた三条と、「藤次郎」などで知られるステンレス包丁の一大産地、燕は隣り合うエリア。一貫生産体制を敷くメーカーが多く、あらゆるニーズや不具合にも一社で対応できる安心感は大きい。

福井県・越前

越前打刃物の名で知られる、古くから包丁造りが根付く町。昨今はステンレス製の両刃包丁の精算が主流となっており、プロの洋食料理人からの熱視線が送られる。機能のみならず高いデザイン性も特徴。

和包丁

日本刀にルーツを持ち、鋼と軟鉄を接合してつくられる、主に日本料理において使われることの多い包丁のこと。基本的には片刃と呼ばれ、刀身の片面にのみ鋼の付いているものを指す。ハンドルとも呼ばれる柄の部分は差し込み式の形状をしており、柄が腐った時などに取り替えられるのも和包丁の特徴の一つだ。刺身包丁、薄刃包丁、出刃包丁、菜切り包丁などが代表格。

刺身包丁

［用途］
魚介を刺身にする
肉を薄く切る

魚介の細胞をつぶさぬように、細く薄く、長い刃で一気に引き切る

　刺身包丁は生の魚介類を薄く切るために使われる、刃渡りの長い和包丁のこと。その名の通り、魚介類を刺身にするための包丁であるため、ウロコをこそいだり一からおろしたりという作業には向かない。長いもので36cmほどにもなるその細長い刃の形状は、魚介の細胞をつぶしてしまわぬよう、刃を身に当てたら一気に引き切ることができるように設計されたものだ。

　日本刀にも似たその形状から「和包丁といえば刺身包丁」というイメージを持つ人も多いようだが、誕生したのは和包丁の中では実は後発で、薄刃包丁や出刃包丁に100年ほど遅れをとる形で生まれている。先に関東で切っ先が四角い「蛸引き」が、次いで関西で切っ先の尖った「柳刃包丁」が誕生した。関西型の切っ先は素材に細工をするのに便利とあって、現在では地域を問わず、刺身包丁といえばこの柳刃包丁が主流となっている。

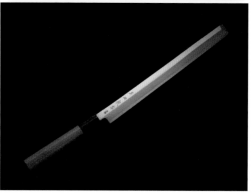

上／柳刃包丁　下／蛸引き

薄刃包丁

［用途］
> 野菜を切る
> 野菜をむく

むく、きざむ、へぐ、そぐ
野菜のあらゆる切り仕事に

　主に野菜を切るために使われる、幅広で峰が薄く、まっすぐな刃線を描く包丁。むく、きざむ、へぐ、そぐといった、野菜のあらゆる切り仕事に欠かせないアイテムだ。その歴史は刺身包丁よりも古く、現時点で薄刃包丁の存在が確認できる最古の資料は1730年に出版された当時の大坂（大阪）の市中の風俗を題材にした『御伽品鏡』という絵本で、蕎麦切り屋が薄刃包丁を使っている様子が描かれている。薄刃包丁も他の包丁と同様、関東型と関西型が存在する。関東型は刺身包丁における蛸引き同様、刃先が四角く角張った形で「東型」「角型」とも呼ばれ、関西型は丸くカーブを描いており、「鎌型」と呼ばれている。

　また、薄刃包丁の形の応用型として、「むきもの包丁」、「切りつけ包丁」なるものも存在する。むきもの包丁は用途的には薄刃包丁と同じだが、一まわり小型で軽い。また先端が尖っているため切り込みを入れる、えぐり取る場合などに便利である。かつての切りつけ包丁は薄刃包丁と柳刃包丁の特徴を合わせたような包丁であったが、近年はそこに反りが付いて野菜、肉、刺身などに使える万能包丁化しており、用途としては牛刀と似ている。

　なお、薄刃包丁は片刃であることがほとんどだが、似た形状で両刃のものもあり、これは「菜切り包丁」と呼ばれ、主に家庭用とされる。

上／薄刃包丁　下／左からむきもの包丁、切りつけ包丁、薄刃包丁

出刃包丁

[用途]
| 魚をさばく |
| 肉をさばく |

出刃包丁

魚をさばいてもダメージを
受けにくい峰の厚いつくりが特徴

　主に魚をさばくための包丁で、他の和包丁と比べて峰が分厚くてずっしりとしたつくり。これは魚の頭を落とし、骨を断ち切ることを前提としているための設計である。刃渡りは9㎝程度のものから30㎝ほどのものに至るまで多種多様であり、なんといっても峰の厚さがこの包丁の形状を特徴づけている。刃元の刃は特に厚く鈍角に付いており、魚や肉の骨、硬い部分はこの刃元で叩き切ることができる。出刃包丁の中でも相出刃やふぐ出刃など、刃の厚みやサイズ違いで種類が豊富にあり、用途に応じて使い分けができるのも特徴。

　出刃包丁の起源は古く、現在料理用に使われている和包丁の中ではもっとも長い歴史を持つと見られている。その名称が確認できる日本最古の記録は江戸時代中期、1684年に刊行された大阪・堺の地誌『堺鑑』で、そこには次のように記載がある。「魚肉を調理する庖丁他国に優れ、当津より打出すを吉とす、その鍛冶出歯の口元なる故、人呼で出歯庖丁といえり、今に至る迄子孫絶えず」

　これによれば、1684年よりもかなり前から出刃包丁が存在しているはずで、かつ堺の名品として知られていたことになる。「魚肉を調理する」包丁とあり、今と変わらぬ用途で使われていたことが見て取れる。とりわけ興味深いのが「出歯庖丁」の文字だ。「出刃」の由来は「出っ歯の鍛冶屋がつくった包丁であるため」で、「出歯」が「出刃」に転じて今日に至るまで残ってきたということだ。

『女郎花五石台(おみなえしごせきだい)』より　出刃包丁が今と同じ形状、同じ用途で使われる様子が刊行物で確認できるのは、『堺鑑』から150年以上を数える1847年に刊行された曲亭馬琴らによるこの合本まで待たねばならない

特殊包丁

［用途］

| ウナギをさばく |
| ハモをさばく |
| 麺を切る |

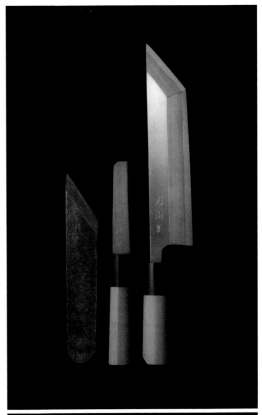

単一の食材の調理に特化した
特殊な形状の包丁

　特殊包丁といって特別な定義があるわけではないが、ウナギやハモ、貝など単一の食材をさばくための特別な形をした包丁をこのように称することが多い。

　ウナギは地域によってさばき方が異なり、これに応じて包丁の形も数種類存在する。関東で使われる「江戸裂き」は柄が短く、切っ先が切り出し小刀のような形状になっていて刃が2箇所に付いており、背開きに特化している。大阪型は柄尻まで地金で作られており、刃は同じく切り出し小刀のような形状をしている。一方で、名古屋型（伊勢型）は刃が細長く長方形でアゴがなく、さばく際に峰の先でウナギを傷つけないように角が丸くなっている。東西の文化の交流地点でもある東海地方は腹開きにも背開きにも対応できるようにこの形になったと考えられている。この他、主に京都で使われるなた鉈のような形をした京型の鰻裂きもある。

　ハモやアイナメなど小骨の多い魚の骨を切るための鱧切り包丁や、ソバやうどんなどの麺を切る麺切り包丁はいずれも重く刃渡りが長いつくりで、この重さを利用して身にリズミカルに切り目を入れたり、麺を均一に切り分けたりすることができる。

　ここでは鰻裂き、鱧切り包丁、麺切り包丁に的を絞ったが、この他鮪切り包丁や餅切り包丁、あじ切り包丁など多種多様な特殊包丁が存在する。

上／鰻裂き。左から大阪型、名古屋型（伊勢型）、関東型（江戸裂き）　中／鱧切り包丁　下／麺切り包丁（蕎麦切り包丁）

和包丁
—
製法から見た構造の違い

　和包丁は、片面がわずかにくぼんだ凹面で、もう片面は刃が付いた凸面の片刃構造をしている。これについては102ページで詳述するが、ここでは製法から刃のつくりを見ていきたい。包丁は、軟鉄（鋼鉄よりも炭素量の少ない鉄）に一部鋼を鍛接してつくる「合わせ」包丁と、全体を均一の鋼でつくる「全鋼製」包丁とに分けられる。

　合わせ包丁は、軟鉄の部分がぼんやりと霞みがかったように見えたことからかつては「霞」とも呼ばれたが、今は鏡面のように磨いて仕上げたものも増えてきた。全鋼製のものと比べると比較的手頃な価格のものが多く、扱いやすく、また研ぎやすい。一方で、長年使うと硬い鋼が軟鉄を引っ張って歪みが生じ、刃が反ってしまうという可能性もある。

　全鋼製包丁の代表格として知られるのが日本刀と似た製法でつくられる「本焼き」で、これは軟鉄（地金）を使わず、すべて鋼でつくられる。美しい刀文（模様）が浮かぶその意匠から人気が高いが、職人の技術を要する包丁ともいわれる。また均一の鋼材を使うため、合わせ包丁のような製品になってからの狂いが出にくい。しかしすべてが硬い鋼でつくられているため研ぎには時間を要する。

包丁の断面図

CHECK!

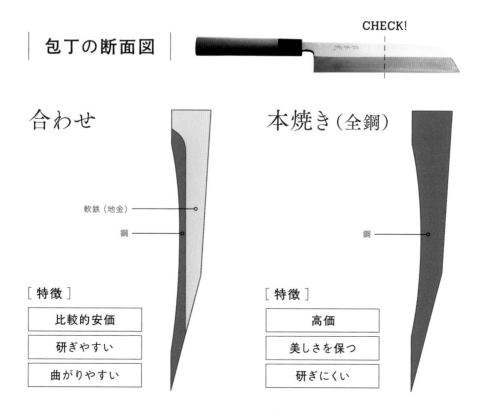

合わせ

軟鉄（地金）
鋼

［特徴］
- 比較的安価
- 研ぎやすい
- 曲がりやすい

本焼き（全鋼）

鋼

［特徴］
- 高価
- 美しさを保つ
- 研ぎにくい

洋包丁

明治時代に文明開化の流れで西洋諸国から伝わった包丁（ナイフ）。現在は主に西洋料理に使われる包丁全般を示す。その種類は和包丁と比べて少なく、代表格である「牛刀」1本で、ほとんどの食材を切る、むく、きざむことができる。他の金属と合わせることなく刃部分はすべてステンレス鋼でつくられることが多かったが、近年は合わせ包丁も増えている。ほとんどが両刃である。

牛刀

［用途］

| 肉を切る |
| 魚を切る |
| 野菜を切る |

西洋料理を志すなら
持っておきたい
素材を選ばない両刃の万能包丁

「シェフナイフ」「フレンチナイフ」などの呼び名でも知られる西洋で生まれた包丁の形。刃渡り18〜27cmのものが主流で、肉、魚、野菜と素材を選ばずほとんどなんでも切ることができるため、万能包丁ともいわれる。ステンレス鋼製のものが主である。

　日本に牛刀が伝わったのは明治時代初期と見られる。1854年に鎖国体制が崩壊すると堰を切ったように西洋文化が流れ込み、西洋風ホテルや西洋料理店が増え、これと同時に洋包丁も伝わった。肉を切るために使われることが多く、とりわけ、それまで日本で禁じられていた肉食が1868年に解禁されて牛肉が西洋料理の象徴的食材として捉えられたこと、また牛鍋の流行などの背景もあり、「牛」の文字が当てられたと見られる。

　なお、牛刀の刃を幅広に、刃渡りを短くした形の「三徳包丁」が日本の家庭用包丁としては多く出回るが、用途や用法は牛刀とほとんど変わらない。

牛刀（刃渡り24cm）

ペティナイフ

野菜や果物の皮むき

飾り切り

牛刀と並ぶ、必携の洋包丁。
野菜や果物など細かい切り仕事に

　ペティ（petit）の名の通り、小型の洋包丁のこと。フランス語と英語を組み合わせた和製英語だが、フランス語では「クトー・ド・フィス（couteau d'office）」、英語圏では「ペアリングナイフ（paring knife）」と呼ばれている。牛刀を一まわり小さくしたような形で、刃渡りが9〜15cmと短く刃の幅が狭く、切っ先が尖っているのが特徴。野菜や果物の皮むきやカット、飾り切りなどの細かい作業に向き、料理人に限らず、パティシエやバーテンダーにとっても必携のアイテムだ。プロの料理人でなければ、牛刀とペティナイフさえあれば調理するのに事欠くことはないだろう。

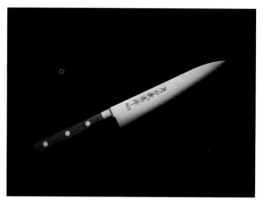

ペティナイフ（刃渡り15cm）

筋引き

肉の掃除

肉の切り分け

刺身包丁にも似た細長い刃で
肉と筋をきれいに切り分ける

　牛刀の刀身を細長くしたような形状で、肉を筋から切り分ける時など主に肉の掃除に使う洋包丁。刃渡りが長く、かつ刃が薄いため、刃を前後させることなく大きな肉の塊でも1ストロークで負荷をかけずに切ることができる。この長い刃渡りによって、素材の表面に凹凸をつけずにきれいな断面に仕上げることができる。この点は、刺身包丁と類似しているといわれることも多く、そのために筋引きを刺身や、魚の薄切りに使う人もいる。

筋引き

特殊包丁

［用途］

| 肉をさばく |
| 魚をさばく |

小ぶりながらも刃が厚く頑丈で、食肉処理、加工に長けた包丁

　洋包丁の中にも、用途に応じてさまざまな形状をした特殊な包丁が存在する。どこまでが基本でどこからが特殊であるかという明確な線引きは存在しないが、ここでは前段で解説した3種類の洋包丁に比べると、厨房での登場頻度が比較的低い「骨すき」「頭落とし」「腸裂き」について触れたい。

　骨すきは骨付き肉の骨から肉を切り離す際など、肉全般をさばくために使う包丁で、片刃であることが多い。骨との接触が前提にあるため、刃は厚めのつくりだが、刃渡りは15cm程度と比較的小ぶりである。骨すきには大きく2つの形状が存在する。1つは角型、東型と呼ばれ、アゴがあり、角張ったペティナイフのような形をした順手専用のもので、これは魚をさばくのにも使える。もう1つはアゴがなく、柄から刃元、切っ先までが弧を描くように一本線になっている逆手でも使えるタイプ。これは丸型、西型と呼ばれる。

　前者の角型を使う料理人が多いが、丸型の骨すきによく似た形状の特殊包丁がいくつかある。それが「頭落とし」と「腸裂き」だ。いずれも食肉処理、加工専用の包丁で、骨と骨の狭い隙間を切り進めたり、奥にある筋や関節を切り離したりするのに、アゴがなく小ぶりな短刀型のこの形が小回りがききやすいのだろう。腸裂きは頭落としとほぼ同じ形をしているが、切っ先に丸い突起が付く。これは家畜の腸の膜を1枚に割く際に、切っ先側でも膜を切って貫通させてしまわないようにするためだ。

上／左から骨すきの丸型と角型。下／左から頭落とし、腸裂き

中華包丁

中国料理で使われる包丁のことで、中国語では「刀（タオ）」と呼ばれる。中でも刃が長方形で幅広く、重さがある「菜刀（ツァイタオ）」が主流で、日本でこれ以外の中華包丁が使われるケースは多くない。理由はその形状ゆえに、刃先を使った細かい作業から骨付き肉のぶつ切りに至るまで、あらゆる作業に向く究極の万能包丁として知られるためだ。

菜刀（ツァイタオ）

用途
野菜を切る・きざむ
魚をさばく・切る
肉をさばく・切る

幅広の刃が目を引く万能包丁。ほとんどが両刃でハガネ製

　中華包丁の中でもっとも代表的なものが菜刀だ。刃が長方形で幅広で、刃先はごくゆるやかな弓なりになっている。刃渡りは22cm前後、幅は10cm前後のものがほとんどで、刃の厚みと、それに伴う重さ違いで種類がいくつかあり、それぞれ番号（号数）があてがわれている。また菜刀に限らず中華包丁のほとんどが両刃構造のハガネ製である。

　基本的には野菜をきざむ、魚をおろす、肉を叩くといったあらゆる素材の調理に向く万能包丁であるが、刃が厚いもののほうがより硬い素材への耐久性は上がるため、用途に応じて2〜3種類の重さを使い分けるのもよいだろう。なお、この刃の厚さの違いは現地では番号ではなく別の名前で呼び分けされる。素材のせん切りや薄切りに向く薄刃の「片刀（ピエンタオ）」や、骨付きのものなど硬い素材を切るのに向く厚刃の「切刀（チエタオ）」がそれにあたる。

　この他、麺切り包丁や北京ダックを切るための包丁など各用途に応じた特殊包丁も存在するが、基本的には片刀と切刀があれば、中国料理で困ることは少ないはずだ。

中華包丁（菜刀 6号）

洋包丁、中華包丁

—

製法から見た構造の違い

　元来、洋包丁や中華包丁は和包丁と違って両面とも同じ角度で刃が付けられた両刃がほとんどで、特に「きざむ、叩く」作業が多く発生する中華包丁は、刃先の薄い片刃包丁が存在しない。また、いずれもすべて均一の鋼、もしくはステンレス鋼でつくられた全鋼製が一般的である。要は合わせ包丁の技術は、日本独自のものだったわけだ。

　しかし、日本の包丁の産地でも洋包丁を多くつくるようになったことで、「合わせ」の洋包丁が増えてきた。洋包丁における合わせというのは主に2種類あって、1つは「割り込み」式と呼ばれ

る地金をベースに、一部を割って鋼を挟み込んだもの。もう一つは地金ないしステンレス地金で、鋼ないしステンレス鋼をサンドした「三層鋼」、「三枚合わせ」と呼ばれるものだ。和包丁と同様に、全鋼製のものよりも合わせ包丁のほうが、曲がりやすいものの、割れに強い。また、研ぎ方には注意が必要で、刃先だけを片刃に研いでしまうと、刃である鋼部分が食材にあたらず「研いだのに切れなくなる」ということが起きかねない。両刃の合わせ包丁を研ぐ際は、この断面図を頭に入れて、作業する必要があるわけだ。

CHECK!

包丁の断面図

合わせ（割り込み）

軟鉄（地金）

鋼

[特徴]

研ぎやすい

曲がりやすい

合わせ（三層鋼）

軟鉄（地金ないしステンレス地金）

鋼ないしステンレス鋼

[特徴]

研ぎやすい

曲がりやすい

全鋼

鋼ないしステンレス鋼

[特徴]

曲がりにくい

研ぎにくい

錆びる包丁
（ハガネ）

包丁には錆びるものと錆びにくいもの、大きく2つがある。一般的に前者をハガネ、後者をステンレスと呼び分けることが多いが、いずれも鋼鉄の一種であることは変わらない。2つを分けるのは鋼鉄に含まれる元素「クロム」の量で、これが一定基準以下だと錆びやすく（＝ハガネ）、基準以上だと錆びにくくなる（＝ステンレス）。ここでは錆びやすい包丁について解説する。

［ 特 徴 ］　よく切れる　　切れ味が持続する　　研ぎやすい　　錆びやすい

　錆びる包丁といっても、その弱点を補って余るほどの魅力があるのだからあなどれない。これらいわゆる"ハガネ"の包丁は鋼材違いでいくつかに分類できる。プロの料理人ならば一度は耳にしたことがあるであろう「青紙」や「白紙」がその代表格である。

　農工具などあらゆる製品に幅広く使われているSK材と呼ばれる鋼材を軸にして、ここから不純物を取り除いた黄紙、黄紙よりさらに不純物を低減させた白紙、白紙にクロムとタングステンを添加した青紙、という具合に成分によって名称が変わるわけだ。これらの鋼材は、いずれも日立金属社（現プロテリアル社）が開発したもの。現場ででき上がった鋼を成分別に区別するため、白い紙や青い紙を目印として貼り付けていたことにちなんで、そのまま紙の色が鋼材名となっている。つまり、包丁の外観からは違いを識別できないということだ。いずれの鋼材も強みがあれば、弱点もある。まずはこれを知るところからはじめたい。

【日立金属社製鋼材の位置付け】

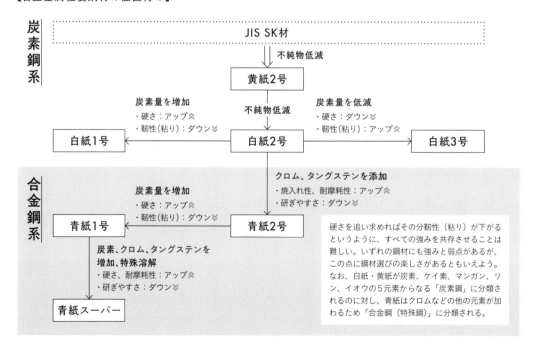

SK材／黄紙鋼

　比較的低価格の包丁には、不純物がやや多く含まれるSK材が使われていることが多い。ここでいう不純物とはイオウやリンなどのことで、これら不純物が多ければ多いほど、包丁の製造におけるいち工程である「焼入れ」が容易になるため、鍛冶職人に求められる技術もそこまで高くなくなる。また、こうした不純物は脆化（金属などが靭性を失い、もろく壊れやすくなること）を招く原因ともなる。これらの理由から、安価で製造できるというわけだ。SK材は包丁の他、斧やハンマー、のこぎりなどの工具の鋼材として活躍している。黄紙鋼はこのSK材の組成をベースに、50%程度の純度の高い砂鉄を加えてつくられた鋼材である。SK材に比べると不純物は少ないものの、混ざっているためプロ向けではなく家庭用の包丁に使われることが多い。現在製造されている黄紙鋼は黄紙2号のみだ。

白紙鋼

　黄紙鋼からさらにイオウやリンなどの不純物を取り除いたものが白紙鋼だ。黄紙がSK材の組成をベースに約50%量の砂鉄を混ぜているのに対し、白紙は全部が砂鉄系でできている。純度の高さゆえ、鍛冶工程における焼入れの効果が出る温度帯が狭く、最適な硬さに持っていくための「適温を掴む」ことが難しい。このため、鍛冶職人の腕が鳴る鋼だといえる。白紙1号、2号、3号とあるが、号数は炭素の含有量の違いで、大きいものから順に1、2、3と名付けられる。炭素を多く含めば含むほど、鉄は硬くなる。このため、3号より2号、2号より1号のほうが硬さは増すが、そのぶん研ぎにくさが出てくる。3号は家庭用として使われることが多く、1〜2号は本職用として使われることがほとんどである。1号は、研げば鋭利でいい刃が付き、長く「最上の包丁」といわれてきた。

青紙鋼

　白紙鋼に、金属元素であるクロムとタングステンを加えたものが青紙鋼である。青紙には1号と2号、スーパーの3種類があり、炭素量が2号、1号、スーパーの順で増えていく（したがって硬さが増す）。クロムは通常、一定量（質量パーセント濃度10.5%）以上を含むとステンレス鋼に分類されるが、青紙鋼に含まれるクロムはこれよりもはるかに少ない。微量ながらクロムを添加している理由は、焼入れによる硬化のしやすさを高め、硬さを出しやすくするためである。また、タングステンを加える狙いは、摩擦や研磨によって表面がすり減っていってしまわぬよう耐摩耗性を高めるためである。鋼材や製法の都合上、黄紙はもちろん、白紙鋼よりも高価である。硬さと欠けにくさを両立した最上級の品質と見なされることも多いが、摩耗に強い造りであるために、研ぎにくいという難点もある。

包丁ができるまで

│ 錆びる包丁 編 │

材料を熱して叩き、鍛えた後に、形をととのえ、刃を付ける

　錆びる包丁、すなわち世にいう"ハガネ"製の片刃包丁のつくり方を右ページで紹介したい。産地やメーカー、時代の変化によってもその製法は異なるが、ここでは大阪・堺におけるつくり方を参考にした。

　流れとしては、まず炭素量がごく少ない軟鉄に鋼の小片をのせて熱し、ベルトハンマーで叩いて「鍛接」するところからスタートする。この後、ハンマーで叩いては温度が下がったら炉で熱するということをくり返して鋼を鍛えて強度を高め、同時に包丁の形に近づけていく。

　この後にグラインダーで鋼の刃を付けたほうを研磨して「裏すき」をつくり、さらに全体を叩いて歪みをなくしていく。このあたりまではまだ鋼に柔らかさがあるため、包丁に刻印を打つなど、柔らかいうちにできる作業をすべて終えておく。その後、表面に泥をぬって炉に入れて再度加熱する。これが「焼入れ」だ。一度水で急冷してから再度炉に入れて「焼戻し」し、刃に粘りを出して硬くても欠けにくい包丁をめざす。

　全体の総仕上げともいえる「刃付け」工程では、さまざまな砥石を使って荒研ぎ、本研ぎ、裏研ぎと包丁全体や刃を研磨する作業を重ねていく。これによって、歪みのない、美しい包丁が仕上がっていく。

下写真は鉄の塊が1本の包丁になるまでを実物で見ることができる大阪・堺の堺伝匠館の展示物。実に20前後の工程を経てつくられる

［大まかな流れ］

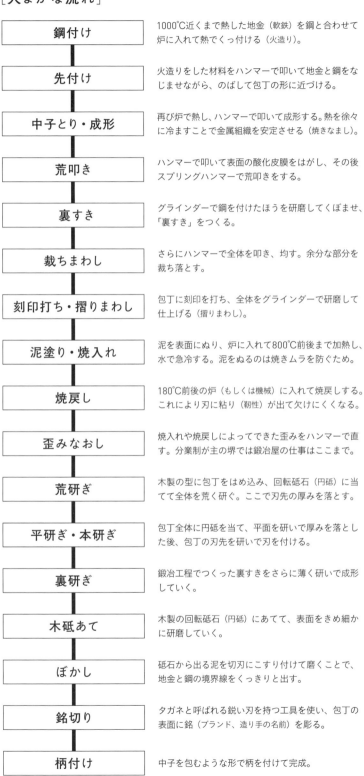

鋼付け	1000℃近くまで熱した地金（軟鉄）を鋼と合わせて炉に入れて熱でくっ付ける（火造り）。
先付け	火造りをした材料をハンマーで叩いて地金と鋼をなじませながら、のばして包丁の形に近づける。
中子とり・成形	再び炉で熱し、ハンマーで叩いて成形する。熱を徐々に冷ますことで金属組織を安定させる（焼きなまし）。
荒叩き	ハンマーで叩いて表面の酸化皮膜をはがし、その後スプリングハンマーで荒叩きをする。
裏すき	グラインダーで鋼を付けたほうを研磨してくぼませ、「裏すき」をつくる。
裁ちまわし	さらにハンマーで全体を叩き、均す。余分な部分を裁ち落とす。
刻印打ち・摺りまわし	包丁に刻印を打ち、全体をグラインダーで研磨して仕上げる（摺りまわし）。
泥塗り・焼入れ	泥を表面にぬり、炉に入れて800℃前後まで加熱し、水で急冷する。泥をぬるのは焼きムラを防ぐため。
焼戻し	180℃前後の炉（もしくは機械）に入れて焼戻しする。これにより刃に粘り（靭性）が出て欠けにくくなる。
歪みなおし	焼入れや焼戻しによってできた歪みをハンマーで直す。分業制が主の堺では鍛冶屋の仕事はここまで。
荒研ぎ	木製の型に包丁をはめ込み、回転砥石（円砥）に当てて全体を荒く研ぐ。ここで刃先の厚みを落とす。
平研ぎ・本研ぎ	包丁全体に円砥を当て、平面を研いで厚みを落とした後、包丁の刃先を研いで刃を付ける。
裏研ぎ	鍛冶工程でつくった裏すきをさらに薄く研いで成形していく。
木砥あて	木製の回転砥石（円砥）にあてて、表面をきめ細かに研磨していく。
ぼかし	砥石から出る泥を切刃にこすり付けて磨くことで、地金と鋼の境界線をくっきりと出す。
銘切り	タガネと呼ばれる鋭い刃を持つ工具を使い、包丁の表面に銘（ブランド、造り手の名前）を彫る。
柄付け	中子を包むような形で柄を付けて完成。

錆びにくい包丁（ステンレス鋼）

錆びにくい包丁の代表格といえば、一定基準以上のクロムを含んだステンレス鋼製の包丁だろう。一昔前は、和包丁といえば炭素鋼などの錆びる包丁、洋包丁といえばステンレス鋼が主流だったが、今やその垣根はなくなりつつあり、こと本職用の包丁に関していえば、鋼材は料理ジャンルの洋の東西を問わなくなってきている。ここではステンレス鋼について見ていきたい。

[特徴]　錆びに強い　種類が豊富　中子が傷みにくい　研ぎにくい

　ステンレス鋼は周知の通り、クロムという元素を一定量以上含むお陰で錆びに強くできている。そもそも錆びとは、鋼材の中に含まれる物質が空気中の酸素と化合して引き起こされる現象だが、クロムは他の元素が反応するよりいち早く酸素と化合して、包丁の表面に薄い皮膜を作り、この膜が中まで錆びが侵入するのを防いでくれるのだ。この錆びへの耐性は、傷みにくさ、すなわち手入れの楽さともいい換えができる。この点から需要が大きく、それだけ数も種類も豊富にあるため選択の幅が広い点は大き

な魅力である。一方で、ステンレス鋼はハガネ（錆びる包丁）に比べると切れ味が悪いと長らくいわれてきた。これは、錆びを恐れるあまり炭素量を少なくした硬度の低いステンレス鋼製包丁が出回っていた、昭和30年頃までの名残もあるかもしれない。今は改良が重ねられ、耐錆性と硬度を両立したものも出回っている。しかし、全体で見れば、未だに切れ味の点ではハガネに劣るというのが定説だ。ステンレス鋼の中にもいくつか鋼材の種類があり、ここでは代表的な3種類を取り上げたい。

【主なステンレス鋼材の種類】

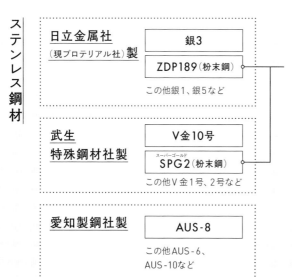

ステンレス鋼材

日立金属社（現プロテリアル社）製
銀3
ZDP189（粉末鋼）
この他銀1、銀5など

武生特殊鋼材社製
V金10号
スーパーゴールド
SPG2（粉末鋼）
この他V金1号、2号など

愛知製鋼社製
AUS-8
この他AUS-6、AUS-10など

粉末鋼とは？

粉末冶金法と呼ばれる、他の鋼材とは異なる特殊な製法でつくられる鋼材のこと。別名「粉末ハイス」。型に材料となる粉を入れて、熱と圧力をかけながら焼結していく。これにより、不純物が少ない緻密な金属組織となり、硬く耐摩耗性に優れた鋼材になるといわれる。この製法でつくられる包丁は、そのパフォーマンスの高さから近年人気が高まっているということもここで触れておきたい。

AUS-8

愛知製鋼社が開発したステンレス鋼の一つで、マーケットに出回っているステンレス鋼製包丁の大部分を占めると見られる。JIS規格で定められたステンレス鋼の一つである「SUS420J2」をベースに、炭素量を増やし、バナジウムやモリブデンなどを添加して硬さや靱性（粘り強さ）、耐摩耗性を向上させた鋼材だ。硬さ、価格、耐食性などのバランスがよく、その使い勝手のよさから主に家庭用洋包丁向けの鋼材として知られるが、本職用のステンレス包丁を探している人には比較的廉価で手に入りやすい鋼材と見なされる。なお、刃物メーカーがこの鋼材を使った包丁を「モリブデン鋼」、「モリブデンバナジウム鋼」と呼んで販売していることも多いが、これらは正式名称ではない。また、愛知製鋼社がつくる鋼材としてはAUS-8がもっともメジャーだが、これより廉価で硬度が低いAUS-6や、高価で硬度が高いAUS-10なども存在する。

銀紙3号

炭素鋼の黄紙系や白紙系、合金鋼の青紙系と同様に、日立金属社（現プロテリアル社）が開発したステンレス鋼の一種で、銀三鋼などとも呼ばれる。同社がつくる銀紙鋼は1号、3号、5号と3種類あり、JIS規格で定められたステンレス鋼のSUS420系をベースに、炭素量を増やして不純物を低減させることで硬さと靱性（粘り強さ）を向上させたのが銀紙5号、そこに炭素を増やしたのが銀紙3号、クロムの量を増やし、モリブデンを添加することで耐食性を向上させたのが銀紙1号という位置付けだ。この3種類の中ではもっとも炭素量の多い銀紙3号は、本職用の包丁として需要が高く、また和包丁のつくりも多いため、和食料理人からも絶大な支持を集めている。ステンレス鋼製包丁にしては研ぎやすいことでも知られるが、やや欠けやすいともいわれる。

V金10号

武生特殊鋼材社で開発されたステンレス鋼の一つで、別名「VG10」。プロ向け包丁用ステンレス鋼材でいえば、銀紙3号と人気を二分する存在であり、特に洋包丁の種類が豊富であるため洋食料理人からの人気が高い。V金10号の他に、同社が製作するステンレス刃物用鋼材として、V金1、2、5、7、10Wなどが存在する。V金1を基準に、炭素の含有量を抑えて耐食性を高めたV金2、そこから炭素とモリブデンの量を増やし、バナジウムを添加することで硬度、耐摩耗性、耐食性のバランスをとったV金5などは、食品加工機械の刃物や、一般家庭の包丁用鋼材として支持されている。V金10号の特徴は、クロムに加えモリブデン、コバルトなどを添加したことにより高い硬度と切れ味の持続性を実現している点にある。ダマスカス模様に使われる鋼材のほとんどがこのV金10号である。

包丁ができるまで

| ステンレス鋼 編 |

打刃物と抜き刃物、
大きく2つの製法に分かれる

　ステンレス鋼製の包丁には、大きく分けて2つの製法が存在する。1つはステンレス鋼の板を適切な大きさに切断した後、錆びる包丁（＝“ハガネ”の包丁）と同じように鍛造した後焼入れを経て、研磨していく鍛造式の方法。ハガネと同じとはいえ、ステンレス鋼製包丁は、「合わせ」包丁をつくる際にも鍛冶屋やメーカーはすでに鍛接された鋼材を仕入れているため、鍛接する工程については右ページでは触れていない。

　もう1つはステンレス鋼の板をプレスやレーザー光などで包丁の型にカットし、その後焼入れを経て、研磨していく「抜き刃物」式の方法だ。

　前者は手づくりであること、また自由鍛造といって型に捉われないさまざまな形、大きさを表現できるため、オリジナルの1本を求めるユーザーには人気が高い。一方、量産できる抜き刃物は、切れ味という点において劣ると見なされてきたが、その技術や品質も年々向上しており、一概に製法で包丁の良し悪しを語ることは難しくなっている。抜き刃物は大量生産ができてコストカットが図れることに加え、形状や品質にばらつき、ブレが出にくいという利点もあり、近年ステンレス鋼製の包丁をつくるメーカーの多くがこの方法を採っている。

写真は新潟・燕の藤次郎オープンファクトリーで見学できる、「打刃物」の要領で鍛造してつくる包丁の製造工程。はじめは長方形の鋼材を、叩きながら徐々に包丁の形に近づけていく

［鍛造しない場合（抜き刃物）］

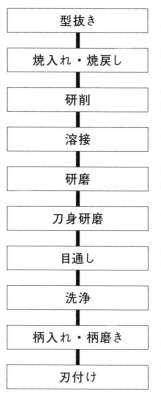

型抜き	1枚の板状になったステンレス鋼を、プレスやレーザー光を使って、包丁の型に合わせてカットする。
焼入れ・焼戻し	型抜きした包丁を電子炉などで熱した後（約1050℃前後）、冷却することで硬度と粘り（靭性）を出す。
研削	包丁の外周を研磨用の回転砥石で水をかけながら削っていく。
溶接	刀身とハンドル（柄）が接着する金属部分を溶接する。これによって柄の中に水が入り込みづらくなる。
研磨	溶接した部分を研磨して、凹凸の少ないなめらかな表面に仕上げていく。
刀身研磨	自動研磨機などを使って刀身全体を研いで表面を均していく。
目通し	表面に「ヘアライン」と呼ばれる髪の毛のように細いラインを大量に入れる。
洗浄	ここまでの工程で付いた研磨粉などを洗い落とす。
柄入れ・柄磨き	包丁に銘を入れ、ハンドルを取り付ける。取り付けた柄の表面を研磨する。
刃付け	荒研ぎ、中研ぎ、仕上げ研ぎ、の順に研いで刃を付けて完成。

［鍛造する場合（打刃物）］

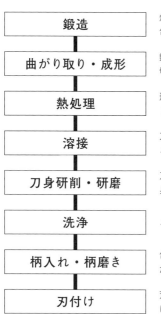

鍛造	炉で加熱したステンレス鋼をベルトハンマーで叩き、包丁の形に近づけていく。
曲がり取り・成形	鍛造によって生じた歪みを取り除き、余分な部分を切削して形をととのえる。
熱処理	形をととのえた包丁に熱処理を施す。焼入れ、焼戻しをして硬さと粘りを出す。
溶接	刀身とハンドル（柄）が接着する金属部分を溶接する。これによって柄の中に水が入り込みづらくなる。
刀身研削・研磨	刀身の厚みなどを回転砥石にかけて削り落とし、刀身全体を研いで表面を均していく。
洗浄	ここまでの工程で付いた研磨粉などを洗い落とす。
柄入れ・柄磨き	包丁に銘を入れ、ハンドルを取り付ける。取り付けた柄の表面を研磨する。
刃付け	荒研ぎ、中研ぎ、仕上げ研ぎ、の順に研いで刃を付けて完成。

さまざまな意匠

包丁は鋼材の他に、仕上げ方によってもさまざまな違いを出すことができて、これが見た目や使用感に個性をもたらす。ここでは和包丁、洋包丁を問わず、包丁製造工程におけるさまざまな仕上げによって、どんな意匠が生まれてくるのかを代表的なものを抜粋し、簡単に紹介したい。

黒打ち

包丁の仕上げ方法の一つ。通常、包丁は製造工程において焼入れをすることによって、表面に酸化皮膜が張って黒くなる。これを磨いて皮膜を取り去ることを「磨き」仕上げ、これに対して刃だけを磨き、平から上の黒い皮膜を残すことを「黒打ち」仕上げという。黒打ちは磨きに比べると製造工程が短いため、そのぶん価格が抑えられることが多い。錆びに強いというメリットもある。

ダマスカス鋼

木目のような模様が特徴の「ダマスカス鋼」。もともとは古代インドで開発された鋼材「ウーツ鋼」を指し示す別称で、特別な製鋼法によって、内部結晶作用が起こり自然と浮かび上がるまだらな模様を指していた。現在流通しているダマスカス鋼は硬度や炭素濃度の異なる金属を何重にも重ね合わせた鋼材を鍛造することで、人工的に模様を浮かび上がらせるという手法を採っている。

槌目

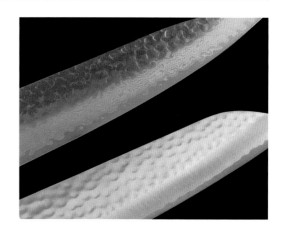

　包丁の平部分に槌（ハンマー）で叩いた跡を残すことで、表面を凹凸に仕上げたタイプ。牛刀や三徳包丁、菜切り包丁などに採用される仕上げ方法だ。槌目仕上げのメリットは、食材を切った時に食材と接する面積が小さくなるため、抵抗力が少なくなり、食材が包丁の表面にくっ付きにくくなることにあるといわれるが、実際にはそこまで大きな影響はなく、機能面より意匠面を期待されているといえる。

ディンプル加工

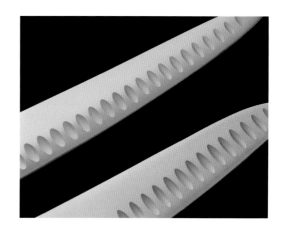

　洋包丁で使われることの多い加工法で、和包丁でいうところの切刃部分に凹凸を付けた加工法。同じく切刃部分に穴が複数あいている穴あき加工もあるが、こちらは耐久性に欠けるといわれ、プロの現場で使われることは少ない。いずれも食材と接する面積を小さくすることで切った食材が包丁にくっ付いてしまうのを防ぐ意図がある。研ぐ際は、表と裏両面同様に研ぐ必要がある。

チタンコーティング

　一般的なチタン包丁は、チタン合金を刃の素材として使うパターンと、ステンレス鋼の包丁の表面をチタンでコーティングして仕上げるパターンの2種類がある。いずれも家庭用がほとんど。チタンはステンレス鋼よりも錆びや腐食に強いため、メリットとしては錆びに強く軽量である点などが挙げられる。ただチタン合金を刃として使っている場合は、硬度が出しにくいため切れ味の鋭さが出にくいともいわれる。また、コーティングの場合は研ぐと中の鋼材が出てきてしまう点などが弱点といえるだろう。

白紙2号と青紙2号

本職用の"ハガネ"製包丁で普及率がもっとも高く、比較されることの多い日立金属(株)(現(株)プロテリアル)製の鋼材白紙2号と青紙2号。硬さの一つの指標である炭素量は同じですが、他の構成の違いなどからそれぞれ使い心地が異なります。ここではこの白紙2号と青紙2号を4つの視点から比較していきます。

【 解説 】
一般社団法人
日本包丁研ぎ協会
藤原将志氏

1. 切れのよさ

切れのよさは、青紙2号に比べると、白紙2号がよいといわれています。その理由は、刃先の構造が影響していると考えられます。青紙鋼は、クロムやタングステンというレアメタルが硬い複炭化物を形成し、これらが刃先にあることで、食材に対して引っかかりが生じます。この引っかかりは、ものによっては抵抗を感じることがあり、すなわち切れ味のスムーズさを阻んでいるように感じてしまうということでしょう。逆に、白紙鋼のほうが引っかかりが強く出にくいため、なめらかに切れるといわれます。

魚を例に取ると、青紙2号を使った包丁では、皮はよく切れますが、身を切るときは抵抗を感じやすく、白紙2号を使った包丁では、皮には刃が入りにくいものの、身を切る際の抵抗はかなり軽く感じます。一方、硬めの野菜を切る時などは、青紙2号のほうが、刃に引っかかりがあることによって、逆に刃が進みやすくなり、よく切れるという評価がされやすいようです。

しかしながら、切る時の感覚と、食べた時のおいしさは別の話であるということを忘れてはいけません。おいしさの感じ方にはいろんな軸がありますが、こと「包丁で食材を切る」という行為にフォーカスすると、その軸はほぼ「雑味の量」一点に絞られるように思い

ます。包丁は、鋼材や切り方によって「雑味」の有無、多寡が変わり、これがその食材のおいしさを左右するということです。この点からいうと、青紙鋼のほうが食材を「引っかく」ために、細胞に負荷がかかりやすく、雑味が出やすくなるということがおわかりいただけるかと思います。食材が本来持つ「らしさ」を阻害し、ネガティブな要素が出てしまうことは、おいしさを損なってしまうことにつながるわけです。

とはいえ、おいしさをつくるうえで白紙鋼に完全に軍配があがるかというとそうではありません。たとえば、食材によっては雑味がいっさい感じられないと「味が薄い」と感じる方も多くいらっしゃるのです。このため、雑味が出にくいような下処理がしっかり施された食材や、鮮度がよく、そもそも雑味が少ないと

れたての鮮魚などは、青紙2号のほうがおいしく切れるという意見もあります。逆に熟成させた食材や、鮮度に不安がある食材ならば、ネガティブな要素を引き出しにくい白紙2号の出番です。

これらをふまえて、調理の現場では雑味の量を意識的にコントロールすることが求められるのかもしれません。よいお店は下処理などの、「仕事をきちんとする」といわれますが、その仕事の中には「切れ味のコントロール」が含まれているように思います。

2. 切れ味の持続性

本来同じ硬さ（炭素量）の鋼材においては、切れ味の低下スピードはさほど大きな違いを感じないかと思いますが、白紙2号と青紙2号では、青紙2号のほうが切れ味はより長く持続するようです。これも1.と同様に刃先の構造から解説ができます。青紙鋼は、硬い複炭化物が埋まっていることから、長く切り続けて刃の素地部分が錆びていくほどこの複炭化物が顔を出し、徐々に摩耗しにくくなっていきます。つぶれた刃先に硬い塊がたくさん並べば削られにくくなるのは当然のことでしょう。切れ味が悪くなってから完全に切れなくなるまでの時間が長いのが青紙鋼といえます。一方、白紙鋼は切れが落ちはじめると、刃先はどんどんつぶれ続けていくため、これが切れ味低下のスピードに影響を及ぼすようです。

このため、研ぐ頻度が低い方は、青紙鋼を好む方が多いかもしれません。また、必然的にまな板への接触回数が多くなりがちな薄刃包丁には、青紙鋼は向いている鋼材といえるでしょう。ただ、切れ味が低下してからも切れる感覚が続くということは、食材がおいしく切れない時間が長く続くともいえるため、この点は気をつけなくてはいけません。作業性よりも切った食材の雑味の少なさを優先するのであれば、やはり白紙鋼を頻繁に研ぎ直して使うのがよいとの評価になるのかもしれません。

3. 欠けにくさ

欠けにくさで比較すると、圧倒的に青紙鋼に軍配が

あがるかと思います。最近、さまざまな実験をしていますが、白紙鋼は欠けやすいことを実感します。この原因は白紙鋼の「しなりやすさ」にあるようです。通常、しなりやすさは柔軟性とも言い換えられ、欠けにくいと考えられがちです。しかし、私が研ぎの年間契約をしている料理店から届く包丁を見るたびに、結構な数の白紙鋼製の出刃包丁の欠けに出合うのです。

片刃包丁の場合、食材に対して刃の進み方は直線ではなく、裏すきがあるほうに向かって斜めに刃が落ちていき、弧を描くような切り方になります。こうなると、刃の裏面側から食材の圧力がかかることがご理解いただけるでしょうか。ここに、白紙鋼特有のしなりやすさが加わると、刃先は曲がり、さらに一定以上の圧力が横から加わると欠けてしまうということです。特に骨が硬い魚などをさばく出刃包丁に関しては、刃先の一部にのみ圧力がかかることになるため、欠けやすくなるのもうなずけます。切れ味が落ちた時には余計に刃先はすり減って圧力がかかりやすくなり、大きくなることで欠けやすくなるのではないかと考えられます。

4. 研ぎやすさ

研ぎやすさの点でいえば、白紙2号が勝るといえるでしょう。青紙鋼は摩耗に強いといわれており、この摩耗への強さはすなわち「削られにくさ」に通じるのです。削りにくいということは、研いだ時に結果が出るまでに時間がかかるということです。

ポイントは炭化物の大きさや硬さと、素地の硬さにあります。刃物を構成する鋼材は、基本的には複数の粒状の炭化物と、これを保持する素地部分とに分けられます。その中で、炭化物が大きくて硬く、素地も硬い場合が、もっとも削れにくくなると思います。これまでの実験から、私は「炭化物の大きさ（目の粗さ）」→「素地の硬さ」→「炭化物の硬さ」の順で、削れにくさに影響していくと考えています。硬く、削れにくい包丁は研ぎ切れず、時間がかかることで心が折れてしまい、結果として切れない状態を甘んじて受け入れてしまうことになりかねません。この点を理解したうえで、鋼材を選んでいただきたいと思います。

※形状やつくり手など、鋼材以外の条件を揃えたという前提の下での比較です

鋼材の「硬さ」を考える

【 解説 】
一般社団法人 日本包丁研ぎ協会
藤原将志氏

　包丁を語る際に、決して欠かせない要素の一つに「硬さ」というものがあります。これはすなわち、硬さが切れ味を左右し、硬ければ硬いほどよいと考えられているためだと思います。

　はたして実際にそうなのでしょうか。そこで、包丁鋼材における硬さについて、どのように考えればいいのか、ここで解説していきたいと思います。

　包丁の切刃を研いで形をつくっていく作業というのは、土地を整地していく作業に似ていると思います。ブルドーザーを使って、空き地を整地するシーンを想像してみてください。ブルドーザーで邪魔になる岩や石になるものを取り除いて、凹凸のない平坦な土地にしていく（＝切刃を研いで凹凸をなくしていく）わけです。

　この時、ステンレス鋼はその空き地に大きな岩（＝炭化物）が点在している状態だと考えることができます。参考画像をご覧いただくとわかると思うのですが、非常に大きな炭化物が点在しています。表面に薄く炭化物があるのではなく、素地の中に深く埋まっているため、一見すると平面であることがポイントです。このため、ブルドーザーで岩（炭化物）を取り除こうにも、硬く大きな岩は削ることが困難なばかりか、大きな岩であればあるほど深く埋まっていますから、掘り起こすことも難しいのです。ステンレス鋼が研ぎにくいといわれるゆえんはここにあるのです。

　この岩を削れないなら、岩のまわりの削りやすい部分を掘り、岩が浮き出るようにするしかありません。岩（大きな炭化物）以外の部分が、土などの素地（マトリックス）や小石（小さな炭化物）です。ステンレス鋼を研ぐ際は特に、出てくる泥を水で流さず研いだほうが早く削れるのですが、これは泥が素地部分を削り、岩（大きな炭化物）の周りを削って浮き出すようにしているからだと考えることができます。

　逆に、炭素鋼や合金鋼のように粒子が細かい鋼材は、大きな岩（炭化物）がなく、素地や小石（小さな炭化物）ばかりとなるため整地が容易（削れやすい）なのはおわかりいただけるかと思います。

　しかしながら、ステンレス鋼は炭素鋼などのハガネに比べると硬度（単位HRC）では劣る傾向にあります。ハガネよりも研ぎにくい（削れにくい）のに、ハガネよりも硬くないとはどういうことでしょう。その理由は、素地部分である土（マトリックス）の硬さにあります。HRCというのは、一定の荷重の圧子を対象物に押し当て、その凹みの深さから対象物の硬さを算出します。一般的にはハガネのほうがステンレス鋼よりも素地部分が硬い傾向にあり、凹みが生じにくいのです。整地が済んだ土地に、地盤補強のために杭を打つことがありますが、岩がなくても地盤（素地）が硬ければ、杭は刺さりにくいはずです。それと同じことが起きているといえます。硬い鋼材と削れにくい鋼材が、必ずしも同一ではないということがおわかりいただけるでしょうか。

ステンレス鋼の刃先（200倍）　　炭素鋼の刃先（200倍）

200倍の顕微鏡で見た、ステンレス鋼と炭素鋼の刃先の画像。白っぽく、明るい色に見える部分が炭化物と呼ばれる硬質な部分で、それ以外の濃い色が炭化物を保持する素地部分

溶解鋼と粉末鋼

【 解説 】
一般社団法人 日本包丁研ぎ協会
藤原将志氏

包丁の鋼材には炭素鋼、合金鋼、ステンレス鋼とさまざまな種類がありますが、最近ではこれら既存の製法とは異なる製造方法でつくられた鋼材が採用されることが増え、注目されています。それが粉末冶金製法によって製造される「粉末鋼」です。

通常、鋼材は鉄鋼の原材料を電気炉などで溶解した後に成形し、圧延していきます。一方、粉末鋼はこの溶解した原材料を冷却して粉末化し、この粉を型に入れて圧力をかけながら焼成していく製法を採ります。これを製法の違いから、溶解鋼と粉末鋼と呼び分けることがあります。今のところ粉末冶金製法が用いられているのはほとんどステンレス鋼においてですが、「粉末鋼」というのは鋼材そのものの固有名詞ではなく、その製法でつくられた鋼材全般を指す言葉であるため、ハガネの粉末鋼というのも成立し得るというわけです。

ステンレス鋼などのレアメタルが多く入る鋼材は、粒子が粗くなる傾向にありますが、粉末鋼は、材料を一度溶かしてから粉末化し、これを焼き固めるため、金属組織は微細で緻密なものになり、粗大化することが抑えられた、均一な粒子が得られます。これによって非常にシャープな切れ味が期待でき、またユーザーからも高い評価を得ているようです。

金属組織の粒子が細かいということは、それだけ粒子の数が多いということでもあります。これによって、引っかかりのある鋭い刃先に感じます。この鋭さが、野菜などの硬さのある食材を切る際には「切り進みのよさ」を生んでいることも確かですが、一方で食材の細胞を壊す傾向があるともいえます。実際に、タマネギを使った実験においては、粉末鋼の包丁で切ったものからは硫化アリルなどの成分が流出し、これが苦味や辛味を発生させていることがわかっています。このため、食材から雑味が生じるのを極力避けたいという方には不向きな製法ともいえるかもしれません。

粉末鋼の刃先（200倍）

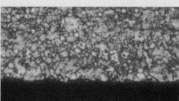

粉末鋼の刃先（600倍）

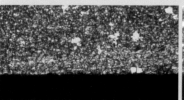

溶解製法のステンレス鋼（200倍）

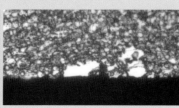

溶解製法のステンレス鋼（600倍）

倍率200倍と600倍の顕微鏡で見た、粉末鋼の刃先と、溶解鋼のステンレス鋼の刃先。粉末鋼と溶解鋼とでは、素地部分や炭化物の入り方に明らかな差異があるのがわかる

包丁の産地

福井県越前市
越前

和包丁 　洋包丁

南北朝時代に、京都の刀匠だった千代鶴国安が今の福井県越前市である府中にやってきて、ここにとどまり刀剣に加え近隣の農民たちのために鎌もつくるようになったことが「越前打刃物」の起源とされている。江戸時代〜明治時代にかけて、越前鎌は全国1位の生産量を誇っていたが、その後昭和に入り、高度経済成長で農業の機械化が進み鎌の需要が低迷してしまう。多くの鍛冶屋や刃物製作所が廃業に追い込まれる中、この苦境を打破すべく10人の職人が集まり、協同組合と工房を立ち上げたことが、この地が刃物の産地として再興するに至った経緯である。伝統工芸士の認定を受けた職人たちがつくる技術に裏打ちされた包丁の確かな機能性に加え、審美性やデザイン性をも追求し、GOOD DESIGN賞などを数多受賞してきたことは、この地の包丁づくりの特徴といえる。

大阪府堺市
堺

和包丁

プロの料理人御用達の和包丁の産地としては堺の地位は今も昔も揺るぎない。この地の打刃物の原点は、4〜5世紀の古墳づくりの折に、大量の農工具や刃物などの鉄製品がつくられ、そのために職人が動員されたことにあるといわれている。一方で、堺包丁の名が全国に流布するようになったきっかけは、16世紀後期にポルトガルから伝わり、国内でも栽培がはじまった煙草にある。煙草の葉をきざむ包丁が堺で大量につくられ、その品質の高さから、江戸時代には幕府から「堺極」の印を受け、その名が各地に知れ渡るに至ったのだ。当時より堺の包丁づくりは「鍛冶」「研ぎ」「柄付け」の大きく3工程に分けられ、分業制が基本である。各分野を極めた職人たちの手から生まれる、鮮やかなまでの切れ味を誇る「片刃の打刃物」が堺の包丁の何よりの代名詞である。

日本は世界に誇る包丁の名産地だが、その中でも主だった産地がいくつかある。新潟県燕市や三条市、岐阜県関市、福井県越前市、大阪府堺市、兵庫県三木市、高知県香美市などがそれに当たる。ここではそのうち国内の生産量の95%を占めるトップ4地域である岐阜、新潟、大阪、福井の各産地について触れていきたい。

新潟県燕市、三条市
燕三条

和包丁	洋包丁

昔ながらの伝統製法「打刃物」と、近年生まれた量産製法「抜き刃物」、その両方が共存する産地、新潟県燕三条（正式には燕市と三条市をいう）。打刃物は江戸時代に興った和釘製造に端を発するもので、抜き刃物は戦後、大手洋食器メーカーが着手しはじめたステンレス鋼製の包丁づくりで盛んになった動きだ。燕三条には木工屋を生業とする高い技術力を持った職人も多かったことから、刃から木柄までを町の中でつくれるという点で、古くから包丁づくりに向く恵まれた町だったといわれる。また、三条市で刃物の科学的研究に大きく貢献し、その道の第一人者とされてきた岩崎航介氏の存在もあり、戦後間もない頃より科学的見地を採り入れた刃物づくりを実践する産地でもあった。

岐阜県関市
関

洋包丁

家庭用刃物の国内トップシェアを誇る岐阜県。その歴史は長く、五大刀工流派・五箇伝の一つ、「美濃伝」として栄えた鎌倉時代～南北朝時代の刀剣づくりにまで遡る。関ケ原の戦いで知られるように、合戦が多かった土地柄、武器供給の観点から多くの刀匠が住み着き、技術を伝承し続けていった。明治時代に入り、廃刀令が敷かれると、その技術は対象を包丁に変えながらも継承されていく。昭和に入ると海外からの技術の輸入もあり、製造工程の機械化を推し進めることで国内トップクラスの量産体制を築いてきた。この地の生産スタイルは刀剣時代より分業制が主で、各々がそれぞれの専門分野で技術力を磨き、クオリティを引き上げ、世界三大刃物産地として名を馳せてきた。

関
[岐阜県／関市]

日本刀の五大刀工流派である五箇伝のうちの一つ「美濃伝」が伝わる地であり、名刀「孫六」の名を挙げるまでもなく、鎌倉時代より刀づくりが盛んだった関。刀匠の技術と文化を脈々と引き継ぎながら、昭和に入ると機械化に舵を切り、量産体制こそが当地の大きな特徴になった。加えて海外からの熱視線も受け、品質向上のための技術革新にも積極的に取り組んでいる。

800年に及ぶ歴史と国内トップシェアの誇りを堅持する一大産地

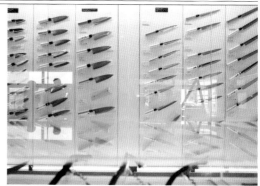

岐阜県の中央部に位置する関市は、今も昔も全国随一の刃物生産量を誇る。ここでは市内の複数の刃物協同組合で構成する岐阜県関刃物産業連合会の事務局長である桜田公明さんに話を伺った。「事の起こりは美濃伝に代表される鎌倉時代の日本刀づくりにありますが、やがて江戸時代に入り社会が平和になってくると刀の需要も落ち込み、その鍛冶技術が包丁に生かされるようになったのです。昭和の頃には機械化が進み、海外向けに大量生産がはじまるという流れも起こりました」と桜田さんは話す。こうして量産体制を築く中で、「家庭用」「ステンレス鋼」「洋包丁」という関の刃物のアイデンティティも確立してきた。「円高で海外からの需要が落ち込んでしまった時には、量より質を求める機運が高まり、職人たちの技術と機械の精度向上が図られました」。日本刀の頃からいわれてきた「折れず曲がらずよく切れる」をモットーに、国内トップをひた走る今日も、技術研鑽に勤しむ産地だ。

「生産量で見れば中国などの新興国に太刀打ちできなくなってきたのも事実ですが、切れ味のよさを追求するためにいい鋼材でいい焼入れをするという品質の観点が重要だと思います。この点に加えて、製造工程におけるSDGsやカーボンニュートラルへの意識を持つことも、刃物の一大産地として次世代につなげていくために、必要な動きだと考えています」と岐阜県関刃物産業連合会事務局長の桜田さんは話す。

（協組）岐阜関刃物会館が運営する関の刃物直売所。包丁やナイフ、ハサミや爪切りなど2000点もの刃物が展示されており、購入も可能。刃研ぎ体験ができる工房も備える。

Information

岐阜県関刃物産業連合会・岐阜関刃物会館

〒501-3874
岐阜県関市平和通4-12-6
☎0575-22-4941
http://seki-japan.com

今日の関の刃物産業を形づくった
プレス抜き型の先駆的存在

　（株）スミカマは岐阜県関市にある創業100年を越えるキッチングッズメーカーだ。同社の歩みは初代・炭竈丑松氏が1916年にプレス抜き型を導入し、ポケットナイフの製造に着手したことからはじまったが、この一歩は同時に、今日に続く関の刃物産業の新しい形を示唆するものでもあった。しかしながら、量産にあたってその材料となるステンレス鋼は、炭素鋼に比べて当時はまだ硬度が出しづらく、「切れない」イメージも強かった。同社は、この鋼材の品質を補うべく、機械の性能を向上させ、包丁の品質向上を図ってきたという。常務取締役である炭竈太郎さんは、「そのように日々試行錯誤を重ねながら研究開発をして機械の性能向上を図ってきた一方で、職人の手が介在するからこそ表現できる品質というものもあります。機械一辺倒ではなく、要所要所で職人の手技が光る、この伝統と技術革新のバランスこそが当社の強みです」と話す。ここ数年でそうした姿勢に共感する士気の高い若者が同社に集まり、生産体制をより強固なものにしつつある。

Information

（株）スミカマ

〒501-3911　岐阜県関市肥田瀬383-1
☎0575-23-1331　http://sumikama.co.jp/

2015年に竣工した新工場。さまざまな機械が働く横で、多くの職人が手作業で研ぎや柄付けなどの作業に勤しんでいる。注目は焼入れ後に硬度の高まった刃物を、設定した値通りの厚みに研磨することができる大型の機械。手作業だと日によってばらつきが生じやすい部分は、こうした機械を採り入れることで品質を担保している。

燕三条
[新潟県／燕市、三条市]

燕三条に打刃物の文化が根付いたのは、鍛冶職人たちの生産の主流が江戸時代に盛んだった和釘から、農工具や刃物に移り変わったことにある。一方で、燕市の複数の洋食器メーカーが戦後、ステンレス鋼製の包丁の製造に乗り出したことで量産型抜き刃物の生産も増え、打刃物と抜き刃物、双方に強い産地としての地位を確立している。

和釘にルーツを持つ打刃物文化と洋食器に源流があるステンレス鋼の共存

　金属加工製品の全国有数の産地として知られる新潟県燕市、三条市。江戸時代に幕府直轄領時代の代官が、洪水が多く貧しい生活を強いられることが多かったこの地の農民の生活の糧のために江戸から鍛冶職人を招き、和釘づくりをさせたのがそのルーツである。生産の中心は釘から農工具や刃物に移り、特に刃物の品質は全国でも評判が高かったという。戦後には、燕市の洋食器メーカーたちがステンレス鋼製の包丁製造に乗り出し、これが現在に至るまで続いている。産地としては昔ながらの鍛冶屋から大量生産の近代的な工場まで、幅広い生産形態を持っていることになる。そしてそれにより、和包丁と洋包丁、家庭用とプロ向け、ハガネとステンレス鋼、といったあらゆるニーズにも応えられる体制が整っているといえる。またいずれの生産形態においても、三条における刃物づくりの特色といえるのが「一貫生産体制」だ。生産工程が分業化されていないため、一人の職人が鍛造から研ぎまでできる技術を持っていることが多い。

25の事業所で構成する越後三条鍛冶集団が運営する「三条鍛冶道場」。刃物に限らずものづくり精神と伝統技術を次世代に継承し、発展させるための研究施設として平成17年度に開設された。市民のものづくり体験や小中学校の総合学習の場として活用される。

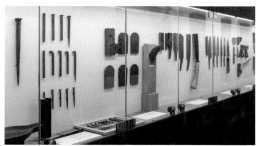

三条鍛冶道場館長の長谷川晴生さんは、同地の包丁づくりには、職人の経験や感性だけではなく科学的知見も採り入れられていると話す。「日本の刃物の切れ味を今日の品質にまで引き上げたのは、三条市で日本刀をはじめとした刃物の研究をされていた岩崎航介氏の功績が大きいです。氏の研究から科学的知見を得たことで、この地の職人たちは技術を徹底的に追求してきたわけです」

Information ——

三条鍛冶道場

〒955-0072
新潟県三条市元町11-53
☎0256-34-8080
https://kajidojo.com

藤次郎(株)

複合材×ステンレスハンドルが代名詞。
プロの西洋料理人から厚い支持を受ける

1954年に農機具メーカーとして創業した藤次郎(株)(創業当時は藤寅農機)。農機具の消費が冷え込む冬場の商材として、フルーツナイフの製造に着手したことから刃物メーカーとしての歩みがはじまった。日本でも4社しかない包丁の一貫生産ができるメーカーのうちの一社で、国内生産量は第3位の規模である。職人が一本一本鍛造する手づくりラインとプレス抜き型で製造する量産ラインの2軸を持つが、いずれも多層構造のステンレス鋼製が中心で、プロの料理人から家庭ユーザーまで幅広く支持されている。2015年にブランドの発信拠点としてオープンした直営店「藤次郎ナイフギャラリー」の責任者で

ある小川眞登さんによると、自社の強みはステンレスハンドルと複合材(合わせ)の組合せにあるという。「切れ味のよさと折れにくさ、手入れのしやすさを実現しており、"ハガネ信仰"に陥らず、他地域と技術交流を重ねながら品質のよい鋼材を探究したことで生まれたモデルです」と話す。

Information

藤次郎(株)
藤次郎オープンファクトリー
〒959-0232　新潟県燕市吉田東栄町9-5
☎0256-93-4195
https://tojiro.net

藤次郎ナイフギャラリーに併設される形で2017年にオープンした工場見学施設藤次郎ナイフファクトリーと藤次郎ナイフアトリエ。前者は量産型製造ラインで、後者はカスタムオーダーできる職人手づくりのラインだ。いずれのタイプもナイフギャラリーで購入可能。責任者の小川眞登さんによると、近年は職人手づくりの包丁の人気が米国や中国を中心とした海外で高まっているという。

堺
[大阪府／堺市]

プロ御用達の包丁の産地として、堺の地位は確たるものだ。大阪府堺市が全国に名だたる包丁の町になったルーツは、他産地のように野鍛冶や刀鍛冶ではなく16世紀に輸入されるようになった煙草の葉をきざむための包丁にある。当時から堺の包丁といえば「切れ味が格別」として全国にとどろいていた。今も昔もハガネの打刃物が身上で、特に和食料理人からの厚い信頼を集める。

職人手製の片刃の打刃物が身上。
今も昔も分業制で専門分野を追求する

　堺の煙草包丁が幕府に認められ全国に流通していた頃、堺では同時に、料理用包丁もつくられていた。海に面した土地柄、さまざまな魚が揚がり、これをさばくための包丁として、出刃包丁などさまざまな形の包丁が生まれ、今日の和包丁の姿につながっている。当時から、職人の手で鍛造する打刃物、特に和食用の片刃包丁を得意としている。堺刃物商工業協同組合連合会専務理事の馬場修三さんは「堺の包丁の魅力は、打刃物という特性上、1本から高品質な包丁がつくれる点にある」という。また製造工程は鍛冶屋、研ぎ屋、問屋と細分化されており、馬場さんによると「分業制によって、それぞれが自身の専門分野に集中しながら、前後の工程で二重、三重にチェックが入る体制がある。自ずと品質も磨かれていくわけです」。昨今のステンレス鋼製の需要の高まりや日立金属社の買収など鋼材を取り巻く状況には危惧もあるというが、"ハガネ一筋"の精神は変わらず根強くある。

Information

堺伝匠館

〒590-0941
大阪府堺市堺区材木町西1-1-30
☎072-227-1001
https://www.sakaidensan.jp

(公財)堺市産業振興センターが運営する堺伝匠館。1階は包丁の展示販売フロア、2階は堺の刃物の歴史や製造工程を学べる展示フロアとなっている。堺刃物商工業協同組合連合会専務理事の馬場さんから厚い信頼を得るのは、堺市産業振興センターのエリック・シュヴァリエさん。堺の古墳に関心を寄せ来日し、刃物の世界に魅せられハサミ鍛冶職人の道へ。研鑽を積んだのち、堺伝匠館でコーディネーターとして国内外に向けて文化発信に努めている。

中川打刃物

代表の中川さんは「包丁を選ぶ際は産地やブランドではなく、どのような鋼材で、どのような技術でつくられているかが重要で、それを知るには職人に直接聞くのが一番早いです。今はSNSで直につながることができますから」と話す。その言葉通り、自身もInstagramを中心に、積極的に国内外に向けて情報発信をしている。近く工場をオープンファクトリーにする動きもあり、鍛冶技術の発信拠点としてのさらなる飛躍に期待したい。

白一からV金10号、合わせから本焼まで、あらゆる鋼材を手懐ける、若き鍛冶職人集団

　堺の打刃物の製造工程は基本的には鍛冶屋、研ぎ屋、問屋に分業される。中でも最初の要となる鍛冶屋は非常に責任重大であるが、職人不足の波がこの世界にも押し寄せている。そんな中、料理人たちから厚い信頼を寄せられていた白木刃物で16年間研鑽を積んだ若き後継者・中川悟志さんが2021年に独立を果たし、早くも注目を集めている。計4人の職人で、鋼材も違えば形も異なる包丁を月当たり800本ほど製造する。同社の特徴は、ハガネなら白紙鋼、青紙鋼、ステンレス鋼なら銀紙3号、V金10号、さらには本焼まで、あらゆる鋼材、製法を扱うことができる点にある。このためジャンルの和洋を問わ

ず、あらゆるトップシェフたちから指名が入る職人集団というわけだ。中川さんは「職人の技術も大事ですが、焼きなましの温度管理や研削の均一性という点では機械のほうが強い面もある。手作業だけに固執せず、使える機械があれば採り入れて、全体の品質向上をめざします」と話す。

Information

中川打刃物

〒593-8307　大阪府堺市西区築港浜寺西町2-3
☎072-268-0028
https://www.instagram.com/nakagawa_kajiya

越前
[福井県／越前市]

刃物の名産地としての福井県越前市武生地区の歩みは、実に700年に及ぶ。京都の刀匠が名剣を鍛える水を求め、この地に移り住んできたことが越前打刃物の文化の起点だ。包丁の出荷額で見ると他産地に押されており、絶対量は多くないが、近年その品質の高さやデザインの審美性などに注目が集まり、国内外の西洋料理人からの熱視線が送られている産地だ。

家庭用とプロ向け洋包丁が売上げの両輪。機能性と審美性を追求する

　700年前の刀匠にルーツを持つ越前打刃物。その後は生産の主流を刀から鎌などの農具へと移し、江戸時代〜明治時代には「越前鎌」が全国第一位の生産量を誇っていたという。しかし、1970年代に入ると農業の機械化が進み、鎌の需要も低迷してしまう。廃業の道を選ぶ刃物製作所も多かったというが、残る者は包丁などの生活用刃物に商材を切り替えるなどして、苦境を乗り越えてきた。1982年に福井県出身の世界的デザイナー川崎和男氏が伝統工芸品・越前打刃物にインダストリアルデザインという概念を持ち込んだことで、同地の包丁は、機能性はもちろん審美性の高さを追求していく方向性に舵を切り、潮目が変わっていくことになる。1992年には10人の鍛冶職人たちが1人3000万円もの借入れを起こして共同工房「タケフナイフビレッジ」を設立したことも、復興を後押しする起爆剤となった。現在、生産の主流は両刃包丁に移り、家庭用とプロ向けの洋包丁が売上げの両翼を担っている。

10人の職人たちによって設立された「タケフナイフビレッジ」。刃物製造の共同工房兼直売所として運営しており、産業観光の拠点となっている。現在、40人以上が働く大所帯に成長。組合員の伝統工芸士・戸谷祐次さんは「下は10代から上は80代まで幅広い世代の職人が集まって、毎日技術研鑽をしています。産地を背負いながら、世界を見据えている人が多い。職人の意識の高さと風通しのよさがここの魅力です」と話す。

Information ——

タケフナイフビレッジ
〒915-0031
福井県越前市余川町22-91
☎0778-27-7120
https://www.takefu-knifevillage.jp

(株)高村刃物製作所

切れ味のよさとその持続性が評価され
国内外のトップシェフから支持を集める

世界中のトップシェフたちからの指名買いや、ドラマや雑誌などのメディアに数多く取り上げられてきたこともあって、今や「高村作」、高村刃物製作所の名を知らない料理人は少ないのではないだろうか。創業は昭和20年で、今は先代の高村利幸さんの息子である光一さん、日出夫さん、勇人さんをはじめ、職人12人体制で刃物づくりをしている。「よい材料、よい熱処理・鍛造、よい研ぎ」を信条に掲げ、一貫で製造できる体制をととのえている。先代の利幸さんは早くからステンレス鋼製包丁に着目し、今から遡ること40年前には他社に先駆けていち早く粉末ハイスなどの新鋼材を使った包丁製造にも着手していた。その切れ味のよさと持続性は国内外を問わず高い評価を受けており、長男の光一さんは「切れ味というのはただ鋭く切れるということではなく、切ったものがおいしいかどうかも含めて切れ味です。そのおいしさを表現するための鋼材選び、鍛造、研ぎなんです」と話す。

Information ───────

(株)高村刃物製作所
〒915-0873
福井県越前市池ノ上町49-1-6
☎0778-24-1638
http://takamurahamono.jp

長男の高村光一さんと次男の日出夫さん。主に鍛造や熱処理工程は光一さんと勇人さんが、研ぎ工程は日出夫さんが担う。「自分の手のように扱える包丁をめざして、いろんな料理人の意見を尋ね、議論を重ねてきました」と光一さんはいう。プロ向けのイメージが強いが、家庭用洋包丁も得意分野だ。研ぐ頻度が低い家庭用は特に「研ぎやすく、一度研いだら切れ味が落ちにくい仕上がりをめざす」と日出夫さん。

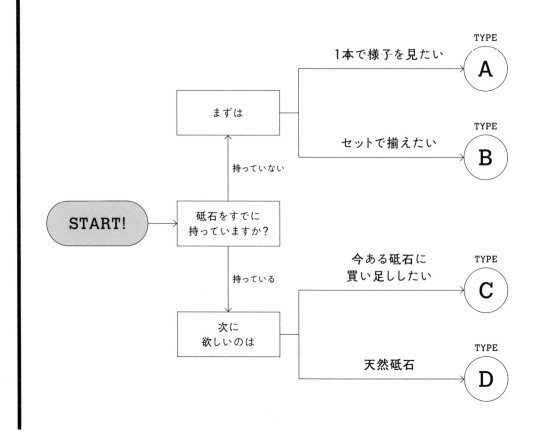

砥石選び方チャート

調理道具でいの一番に重要ともいえる包丁を選んだら、次にその相棒となる砥石を選びたい。切れ味をよくするものという認識であればシャープナーもあるが、両者は役割が異なる。シャープナーで研ぐのは刃先のみで、切刃を研ぐことはできないのだ。ここでは大切な道具である包丁を、長く適切に使うためにどんな砥石を選ぶべきか考えたい。

砥石を選ぶ前に［面直しの重要性］

包丁の刃は硬く、何度も研いでいれば砥石の表面は削れて不均一にくぼんでくる。これを直さないと刃を研いでも思うように研げなくなるため、砥石は常に平面を保たなくてはいけない。この平面を保つために砥石の表面を研ぐのが、面直し用の砥石の役割である。要は砥石を1本でも手にしたら、この面直し用砥石を同時に購入すべきといってもよいぐらい、研ぎのパフォーマンスを左右する重要な要素なのだ。炭化ケイ素を使った面直し用砥石もあるが、より精密に平面をめざすなら耐摩耗性にすぐれたダイヤモンド砥石もよいだろう。ダイヤモンド砥石自体が耐摩耗性に優れ削られづらいため、常に平らな表面を保っており、砥石を平面にととのえるという意味では最適のアイテムといえる。

TYPE A

まずは1本で様子を見たい

砥石は粒子の細かさによって、荒砥、中砥、仕上げ砥の3種類に大別される。これらは刃をしっかり削る荒砥、刃の形をつくる中砥、刃を鋭利にする仕上げ砥という内訳だ。これらを用途に応じて組み合わせながら研いでいくわけだが、まずは1本のみ購入して様子を見たい、ということであれば中砥に分類される砥石を購入すれば、ある程度の精度まで研ぐことができる。なお、砥石の粒子の細かさを表す指標として、一般的には#と数字で表記されるが、そのうち#800〜3000のものが中砥に分類される。

TYPE B

セットで揃えたい

Aに記したように、砥石は荒砥、中砥、仕上げ砥の3種類に大別される。一般的に荒砥は#800以下、中砥は#800〜3000、仕上げ砥はそれ以上とされることが多く、この3種類を揃えておけば問題ないといわれるが、#400以下の荒砥は技術がない人が使うと刃を削りすぎて包丁を壊してしまうこともあり、ビギナーがいきなり使うには向かない。そこで中砥〜仕上げ砥の#1000、#3000、#6000前後の3本をセットで揃えることをすすめる。注意したいのは、#6000までに及ぶと目が細かく、刃先が非常に鋭利、繊細に仕上がる。このため、硬い食材を扱うことが多い出刃包丁などは#3000程度で仕上げるのがよい。

TYPE C

今ある砥石に買い足ししたい

現状1本〜複数本の砥石を持っていて、そこにプラスアルファを投入したいと考えている方。「欠けた刃を直したい」「刃の厚みをしっかり減らしたい」や「刃先をもっと鋭くしたい」など、用途がはっきり決まっている方は、それに応じて前者なら荒砥を、後者なら目の細かい仕上げ砥を選んでいただきたい。もしある程度番手違いで砥石を揃え終わった、という方がいたら、製法に着目して選んでみてはいかがだろうか？　たとえば「同じ目の粗さでも、研磨力で選ぶならビトリファイド製法でつくられたセラミック砥石」というように、製法によっても特徴や得意不得意が分かれるため、自身の持つ包丁の鋼材や、めざす仕上がりをふまえて、製法から砥石を選んでみるのも一興だ。

TYPE D

天然砥石が欲しい

鉱山や採掘場の閉鎖などを理由に近年生産量が大きく低下している天然砥石。しかしながら、天然砥石で研いだ包丁には人造砥石では出せない食材の味を表現できるという魅力があるのも事実だ。天然砥石はその産出地から大体の目の粗さが決まっており、近年天然の荒砥〜中砥が採掘される産出地はほとんどなくなっている。したがって、天然砥石を買うとなると、必然的に残る仕上げ砥用の「合わせ砥」を探すことになるだろう。今入手できる合わせ砥は京都周辺で採掘されるものが中心だが、その真価は研いで見るまでわからない。高価なものも多いため、刃物屋に刃物を直接持ち込み、相談するのがよいだろう。

砥石とは

　砥石の歴史は意外にも長く、縄文時代には硬い石を磨いて磨製石器をつくり、これを刃物として使っていたことから、「石を研いで鋭くする」という行為はこの頃から行なわれていたといいます。日本が武家政権下におかれていた時代には、砥石は日本刀を研ぐための重要な軍事物資であり、日本刀研磨を生業とする研ぎ師も存在しました。当然、かつての砥石は日本各地の山から採掘される天然砥石が中心で、1799年に刊行された、全国の漁法ならびに食品の製造法を紹介した「日本山海名産図会」にも当時の鉱山と砥石採掘の様子が描かれています。戦前まで、砥石といえば天然のものが主流でしたが、戦後の復興期には人造砥石が出回るようになり、資源枯渇や採算に合わないなどの問題もあって天然砥石は徐々に下火になっていきました。今やほとんどの採掘場が閉山したことで、天然の中砥や荒砥は市場にはほぼ出回っていませんが、京都の一部地域では今も仕上げ砥に使う砥石を中心に採掘が続いています。天然砥石がこれだけ稀少な存在になっても一定の需要がある理由は、天然の仕上げ砥石にしか出せない「切れ味」があるからです。では、人造砥石がよくないかというと、そうではありません。品質にムラがなく安定していて、正しく使えばそのぶんすばらしい切れ味を表現できるものです。とはいえ、人造砥石にも製法によって特徴が分かれるため、ここでその違いを一度把握しておきましょう。人造砥石は製法によって、「マグネシア製法」「ビトリファイド製法」「レジノイド製法」の3つに大別されます。製法の詳細は割愛しますが、各製法の特徴について解説します。

　マグネシア製法はセメント系の接合剤を使用して、砥粒（粒状または粉末状の研削剤）と練り固めた後乾燥させてつくる製法で、荒砥から仕上げ砥までカバーします。鋼材を選ばずなめらかに研げるものの、水に浸けおいてしまうと溶けてしまったり、経年により割れてしまったりといったデメリットもあります。

　ビトリファイド製法は高温で焼成する砥石で、主に中砥〜荒砥がつくられます。表面に凹凸があり、研削力がもっとも強い製法で、一部のステンレス地金の包丁とは相性がよくありません。

　レジノイド製法はベースに樹脂を使用し、200℃の低温で焼成する製法で、主に中砥〜仕上げ砥に用いられます。クッション性に富み、鋼材を選ばずなめらかに研げる一方、樹脂の経年変化があるため、長時間をおくと劣化していたということも起こりかねません。ただし、頻繁に使う方であればこの劣化は気になるものではないでしょう。

　人造砥石にはこれら製法に加えて、砥粒の目の細かさによる分類があり、#1000、#220などの番号がその目の細かさを表す数字です。目が粗い砥石ほど数字が小さく、目の細かい砥石は数字が大きくなります。主に#800以下の砥石は荒砥に分類され、表面に凹凸があり削る力が強いため、刃の厚みを減らしたい時などに使います。中砥に分類される#800〜3000の砥石は切刃の形をつくる時などに用います。#3000以上の仕上げ砥は刃をより薄く鋭利に仕上げたい時などに使います。砥石を選ぶ際は、まずは人造をベースに、製法はどれが最適か、そして目の細かさはどの程度がよいか、などを意識しておくとよいでしょう。

江戸後期（1799年）に刊行された書で、日本各地の海産物、山間地の物産をまとめている「日本山海名産図会」。当時の砥石採掘の様子がうかがい知れる

砥石

いい刃物が見つかると、それに見合う砥石を探してあげたくなるものだ。前段までで、砥石を選ぶ判断基準はある程度ご理解いただけたかと思う。ここではその重要度や使用頻度の高いものから、「面直し用砥石」、「中砥」、「仕上げ砥」、「荒砥」、そして「天然砥石」について順を追ってもう少し細かく見ていきたい。

面直し用砥石

[用途]

砥石を平らにする

常に平面に保つために
欠かせない、砥石のための砥石

砥石は包丁をはじめとする刃物を研ぐためのものだ。それでいて、なぜ刃物ではなく砥石を研ぐための砥石である面直し用砥石について最初に解説するかというと、面直し用砥石が包丁研ぎにおいては非常に重要かつ本来はもっとも使用頻度が高くなるはずの砥石であり、しかしその重要性が広く認知されていないためである。

砥石は常に、平らに保たれていないといけない。もし曲がったり、凹んだりしている砥石で包丁を研いでいると、知らず知らずのうちに歪みや曲がりを引き起こすことにもなる。したがって、研ぎにはこの砥石を平らに保つための砥石である面直し用砥石が必ず必要になるのだ。砥石は使っていると次第に

表面が凹んでくるが、「凹む前に面直しする」のが鉄則だ。このため、どんな包丁でもまずは面直し用砥石で砥石を研いで平面にしてからから包丁を研ぎはじめるべきで、包丁研ぎの最中にも5分間隔くらいの頻度で面直しをしてほしい。通常の砥石の材料にもなる炭化ケイ素を使った面直し用砥石もあるが、より精密に平面をめざすなら、耐摩耗性にすぐれたダイヤモンド砥石がよいだろう。表面が削れにくいために、平らな状態を保ちやすいからである。これに加えて、目詰まりが起きるのを防ぐために表面に大きな波型の凹凸がある面直し用砥石も存在するが、平面の精度を高めるならやはり、面直し用砥石自体の表面が平らであるものを探すのが近道だ。

中砥

[用途]

切刃の形をつくる

凹凸をなくす

研ぎの土台を担う
「形づくり」のための砥石

主に#800〜3000までの砥石を中砥と呼び、一般に刃物を研ぐフェーズにおいてはもっとも使用頻度の高い砥石とされる。#1000前後があれば、基本的には問題なく研げるだろう。家庭用として使う場合などはこの中砥が1本あれば、概ね問題なく切れ味を向上させることができる。プロの料理人が使う場合においてもまた、中砥で事足りるケースも多い。なお、包丁研ぎの大まかなプロセスは「形づくり」と「刃付け」の2段階に分かれており、前者の形づくりは中砥が得意とするところだ。中砥には包丁の凹凸を直し、切刃の形をつくるという役割がある。たとえば荒砥を使うことでできた刃の表面の傷や凹凸を平らに均すのも、この中砥の仕事だ。いわば研ぎの土台となる重要な位置付けにあるわけだ。

仕上げ砥

[用途]

糸刃を付ける

鏡のように研ぎ上げる

表面をなめらかにする

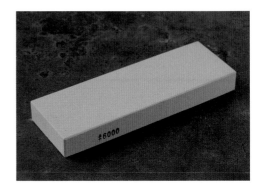

表面をよりなめらかに研ぎ上げ、
糸のような刃を付ける

#3000以上の砥石を仕上げ砥と呼ぶ。中砥で研いだ時にできたわずかな傷や研ぎ跡まで取り除き、さらに表面をなめらかにしつつ、刃先に鋭い刃を付けることができる。特に61ページで紹介した断面図の、切刃の先にある糸刃（ないし小刃）を付けるのはこの仕上げ砥の役割だ。この砥石で付けた糸刃が食材に最初に当たる。したがって、この糸刃を研ぐ砥石の目が粗ければ、それだけ荒れた刃で食材にアプローチすることになるし、細かい目の砥石で刃付けしていれば、なめらかで鋭い刃で食材にアプローチできることになる。「なるべく食材の繊維を傷つけず、表面をなめらかに切りたい」など、ゴールのイメージができていれば、自ずと選ぶ番手の数字が見えてくるはずだ。

荒砥

[用途]

刃の厚みを取る

刃こぼれを直す

欠けを直し、厚みを取る砥石。必要以上の研ぎすぎには注意

　#800以下の番手の砥石を荒砥と呼ぶ。砥石の中の砥粒が大きく、目が粗いことがこの名の由来である。非常に刃を削る力が強いため、使うべきタイミングを押さえていないと、想定よりも刃が薄く削れてしまったり、研がなくてもよいところまで研いでしまったり、といったことになりかねない。もしすでに刃がきれいに付いている包丁のメンテナンスのために研ぐ、というケースであれば、荒砥は飛ばして中砥から仕上げ砥のみを使って研ぐほうがよいだろう。しかし、刃の厚みを取って薄くしたい、刃こぼれを起こしている部分を直したい、といった場合には、荒砥を使ったほうが早い。ただこうした場合も、荒砥での研ぎは最小限にとどめ、中砥、仕上げ砥で研いで様子を見たほうがいい。必要以上に長時間研いでしまうと後戻りがきかなくなる恐れがあるためだ。

天然砥石

[用途]

仕上げ砥として使う

自然が作り出す砥石。その真価は切って食べて初めてわかる

　砥石を選ぶ際に人造か天然か、という問い自体が意味をなさないほど、人造砥石が主流となった昨今。背景には採掘場の閉鎖などもあって、市場に出回る天然砥石が著しく減少したことがある。現在も採掘が続いているのは数えるほどしかなく、採掘が続く京都周辺にはこの稀少な砥石を求め、全国から料理人やコレクターが集まる。天然砥石は研ぎ手を育てるといわれ、それだけ手懐けるのに技術を要する砥石だ。技術のある人間が天然砥石で包丁を研ぐと、人造砥石で研いだ包丁には出せない食材の味や食感を引き出すことができる。自然がつくり出すものであるため、同じ京都内でも場所によって採れる砥石の形態や研ぎ上がりが異なる。人によっては「当たりはずれ」が生じてしまうリスクもあるため、実用したい場合は、刃物屋に刃物を持参して相談するのがよいだろう。

包丁を選んだら

まな板の重要性

　自分の料理人人生の相棒となる包丁を選んだら、この大切な包丁を少しでも長く使い続けるために、気をつけなくてはならないことがいくつかある。中でもまな板の選び方はその寿命を左右する一つの大きな要素だ。なぜなら、包丁はまな板との接触によって摩耗していくものであり、場合によっては刃欠けなどを引き起こしてしまうこともあるためである。同じダイコンでも、まな板の上で切っていくのと、手で持ってかつらむきのようにむいていくのとでは、同じ時間使っていたとしても、前者のほうが刃にははるかに負荷がかかって

しまう。これはなぜかというと、まな板の硬さにある。当然だが、包丁は硬いものにぶつかればその分傷みやすく、欠けやすくなる。硬いまな板を使い続ければ、研ぐ頻度も増えるし、欠けるリスクもはらむことになる。まな板を選ぶ際は、この点を充分にふまえて選ぶ必要があるわけだ。近年は衛生問題やメンテナンスのしやすさなどの観点から、プロの調理現場でも樹脂製のまな板が主流となりつつあるが、包丁のつくり手の意見を聞くと、柔らかい木製まな板が包丁にとっての最適なパートナーであることに疑いの余地はなさそうだ。

まな板

現在プロ用、家庭用の如何を問わず、まな板として使われている材料は、木製とプラスチック製の2つが主流で、前者は柔らかく包丁にやさしい点、後者は手入れがしやすい点などが評価されているようだ。ともに一長一短ではあるが、これらの特徴を詳しく紹介していくことで、より理解を深め、ご自身のまな板選びに役立てていただきたい。

木製

その柔らかさから刃とは**相性抜群**。「**手入れはこまめに**」が鉄則

　まな板は、古くはすべて木製のものであった。中国においては木の切り株をまな板として使用して、これがあの特有の円柱の造形に通じている。それだけ長く使われてきた歴史があるわけだが、その背景には少なからず、木は刃の当たりが柔らかく、欠けにくいという認識があったのではないだろうか。

　もちろん、木にもさまざまあるが、現在まな板の材質としては、ヒノキとイチョウがよく使われている。特にヒノキはもっともポピュラーな材質で、それがゆえに製品のバリエーションが豊富で、比較的手頃な価格のものも多いため手に入れやすい。耐水性にすぐれており、速乾性に長けているためカビや菌が繁殖しづらいのが大きな特徴といえるだろう。また、ヒノキ特有の香りによって、多少の防臭効果が期待できる側面もある。イチョウは他の木材に比べても、非常に当たりが柔らかく、刃を傷つけにくいまな板といえる。一方で、抗菌効果はそこまで期待できず、こまめな手入れを要する木材でもある。他にもカビや雑菌、ニオイが発生しにくい抗菌作用を持つヒバや、非常に軽くて扱いやすく、柔軟性もあるキリなど、種類は豊富にあり、特徴もさまざまであるため、自身の求める性能に応じて選んでいくとよいだろう。

　なお、木製まな板全般にいえることだが、反りの出やすさ、表面の傷のつきやすさ、抗菌、殺菌といったメンテナンス面では気にかけるべき点は多々ある。この点については132ページで詳説したい。

上からヒノキ、ホオノキ、ネコヤナギのまな板

プラスチック／その他

衛生面から重宝される合成樹脂。
熱と刃こぼれには注意したい

　ポリエチレンをはじめとするプラスチックも、木製に並ぶまな板の代表的な材質である。プラスチック製のまな板のよさは、その手入れのしやすさにある。台所用洗剤に加えてアルコールスプレーや漂白剤も使えるために、衛生管理という観点からは特に近年重宝されているようだ。一方で熱に弱いという一面もあり、熱湯消毒や、熱風で乾燥させる食器洗浄機との相性はよくない。この特性を知らずに、いつの間にか熱によって反りが生じていた、と後から気づく人も少なくない。肝心の包丁との相性はまずまずで、木製に比べると硬いため、刃こぼれや摩耗を早めるといったリスクも少なからずある。逆に、木製よりも傷つきにくく、平面を保ちやすいため、叩き切るような動きが多い場合にはプラスチック製が向くだろう。

　しかしながら、この点をカバーする代物も開発されつつある。その一つが「酢酸ビニル」製まな板だ。木のような柔らかさを持ち、刃当たりがやさしいうえ、漂白剤が使えるとあって衛生的で、昨今注目の高まっている素材である。

　木製とプラスチック製が主流ではあるが、ゴム製のまな板や、中にはガラス製のカッティングボードなども存在する。ゴム製まな板は、木製とプラスチック製のハイブリッドなどともいわれ、刃当たりの柔らかさと、衛生管理の手軽さを兼ね備えている。しかしプラスチックと同様に耐熱性があまりない点や重量感がある点などがデメリットとして挙げられる。ガラス製のカッティングボードに関しては、いうまでもなくその硬さから包丁との相性はよくなく、刃こぼれを引き起こす可能性が高い。また重さがあり、割れる危険性もあるため使い勝手がよいとはいえない。

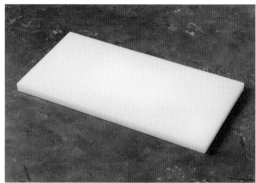

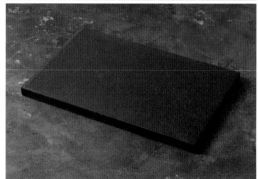

上／ポリエチレン樹脂やポリプロピレン樹脂などの合成樹脂（プラスチック）製まな板は価格帯的に手が出しやすく、また手入れもしやすいため家庭では主流となっている　中／酢酸ビニル製まな板。従来のプラスチックに比べると粘りがあって反りにくく、耐久性も高い　下／塩化ビニル製まな板。曲がるほど柔らかく、刃の当たりがやさしい。このため、食材を叩く際、魚をさばく際などまな板の上に敷いてまな板のカバーとして利用されることが多い

包丁・砥石の
使い方

Chapter 2

和包丁の構造

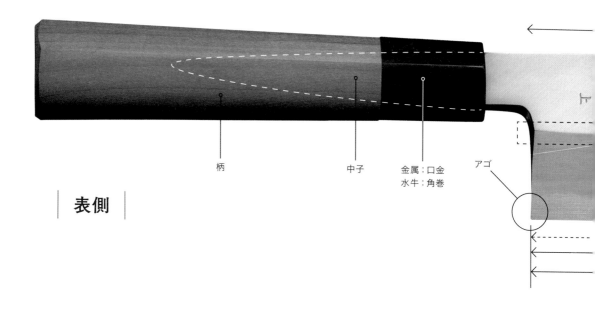

柄　　　中子　　　金属：口金
　　　　　　　　　水牛：角巻　　　アゴ

| 表側 |

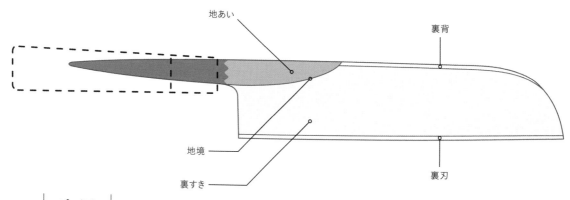

地あい　　　　　　　　　裏背

地境

裏すき

裏刃

| 裏側 |

包丁を使いはじめる前に、包丁の各部の名称を把握しておきたい。特に和包丁は片刃構造をしており、包丁の片面にしか切刃が付いていない。このため、ここでは表側（切刃の付いている面）と裏側（切刃の付いていない面）という呼び分けをし、それぞれの紹介をしている。表と裏とでは構造やそれに伴って形状が異なるため、その違いをよく理解しておこう。

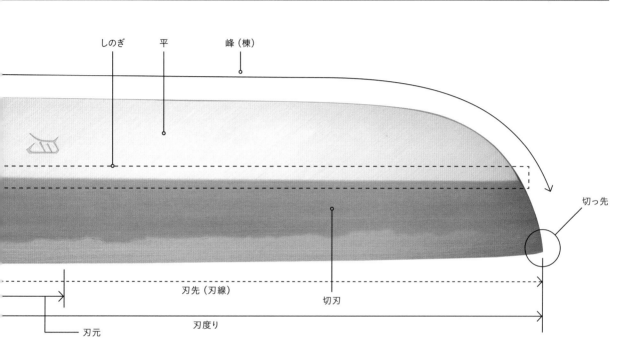

しのぎ　　平　　峰（棟）

切っ先

刃先（刃線）

切刃

刃元

刃度り

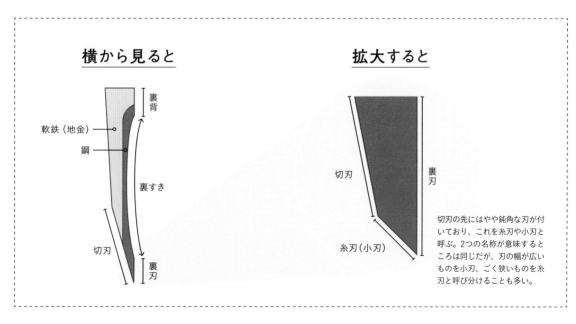

横から見ると

裏背

軟鉄（地金）

鋼

裏すき

切刃

裏刃

拡大すると

切刃

裏刃

糸刃（小刃）

切刃の先にはやや鈍角な刃が付いており、これを糸刃や小刃と呼ぶ。2つの名称が意味するところは同じだが、刃の幅が広いものを小刃、ごく狭いものを糸刃と呼び分けることも多い。

洋包丁、
中華包丁の構造

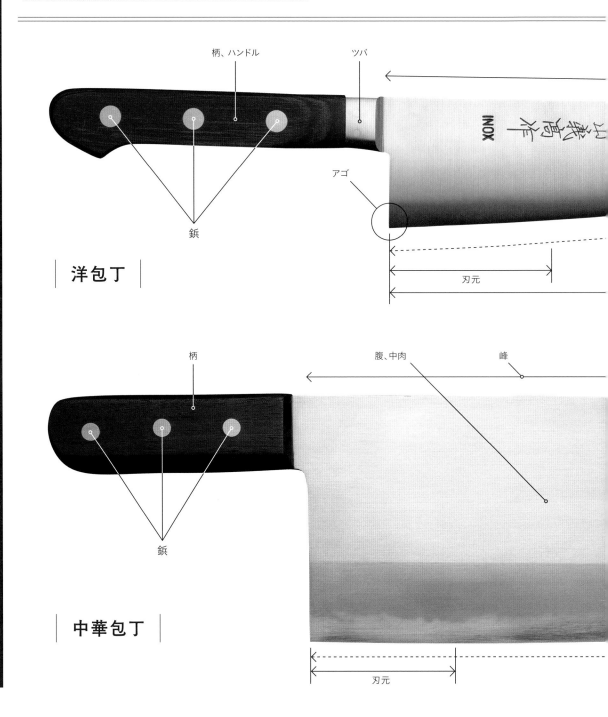

柄、ハンドル

ツバ

鋲

アゴ

刃元

| 洋包丁 |

柄

腹、中肉

峰

鋲

刃元

| 中華包丁 |

和包丁と異なり、洋包丁や中華包丁はほとんどが両刃構造で、表も裏も同じ刃の構造をしている。それゆえ和包丁とはつくりや呼び方が異なるため、それぞれ違いを把握しておきたい。また、洋包丁のハンドルは、和包丁と違って付け替えを想定していない。洋包丁の中でもハンドル部分の製法はいくつかに分かれており、これも併せて覚えておこう。

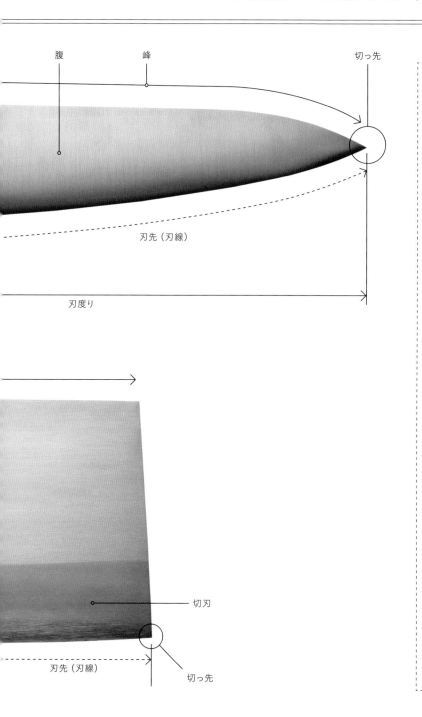

腹　　　　峰　　　　　　　　　　　　　切っ先

刃先（刃線）

刃度り

切刃

刃先（刃線）　　　　　　切っ先

ハンドル部分

本通し

中子の部分がハンドルと同じ形状をしており、これを3本の鋲で留めている。もっとも耐久性にすぐれた構造で、本職用で用いられるのはこの構造が多い。

背通し

ハンドルの峰側にのみ中子が通る構造で、本通しに比べて低いコストで仕上げられる。そのため家庭用包丁や、本職用の廉価版包丁に用いられる。

半中子

中子がハンドルの途中までしか通っておらず、鋲も2本で留まっていることが多い。耐久性にやや劣る構造だが家庭用包丁として出回っている。

使いはじめる前に

食器洗浄機や食器乾燥機との相性は？

基本的に和包丁にせよ洋包丁にせよ、食器洗浄器機や乾燥機との相性はいいとはいえない。錆びやすいハガネ製の包丁などはもちろん、錆びに強いといわれるステンレス鋼性の包丁に関しても、習慣的に食器洗浄機を使っていると錆びが生じる恐れがあるうえ、一緒に入れた食器などに刃先がぶつかって欠けてしまう可能性もある。また、柄に木材を使っている場合は、高温の湯で洗って乾燥させる洗浄機の温度変化などの刺激に弱く、柄から劣化していってしまうケースが多い。これらの理由から、包丁は洗剤を使ってスポンジや手で洗うのがベストだろう。

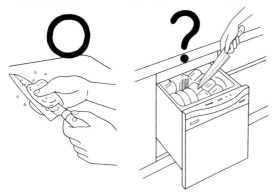

最初からいきなり切ってもいいの？

買った包丁をすぐにでも使いたい気持はわかるが、はたしてその包丁は正しく刃付けがなされているだろうか。もちろん、いい刃を付けて売られているものもあるが、和包丁の中には一度自身で研いで形をととのえてから使うことが前提として売られているものも多くある。このため、使いはじめる前に、すぐに使えるものか、あるいは刃付けをし直す必要があるのかを買った店で確認しておくべきだ。

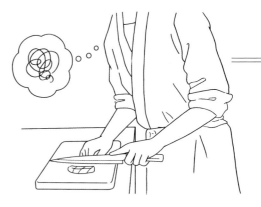

左利きの場合は？

日本人の9割が右利きだといわれているが、左利きの料理人もいる。左利きの人が右利きの人向けに刃が付けられた片刃包丁を使うとなると、かなり苦労するはずだ。このため、特に片刃包丁は右利き用、左利き用が存在するため、自分の利き手に合わせたものを選ぶようにしたい。なお、両刃の洋包丁にも右利き用、左利き用とつくりを変えているものもあるため、いずれにしても仕様をよく確認したうえで選びたい。

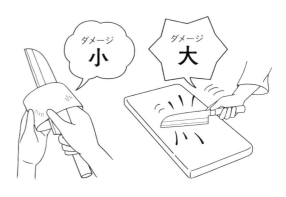

まな板に当たる＝包丁にとってのストレス

まな板の上でダイコンをきざむと、エネルギーの大半はダイコンではなくまな板を叩くことに費やされてしまう。ある研究によれば、空中でダイコンを1万回切った時の包丁の摩耗量は、まな板をわずか400回叩いた時のそれに匹敵するという。つまり、まな板とぶつかる回数が多ければ多いほど刃は摩耗して傷みやすく、少なければそれだけ長く切れ味が持続し、欠けにくいということだ。これをふまえれば、まな板の上を刃でシャッとこすったり、きざんだ素材を包丁で集めたりといったことは避けるべき行為だとわかるだろう。

包丁を実際に使う際に、気をつけたいことがいくつかある。刃物であるため、「人に向けない」「むやみに外へ持ち出さない」「使っている人の後ろを通る際は声をかける」といった基本的なことはもちろんだが、調理において包丁を長く、適切に使い続けるためにどのようなことに注意するべきなのか、何をしてはいけないのか、今一度おさらいしておきたい。

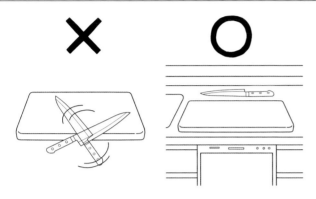

作業中、包丁を使わない時は？

調理作業中、包丁を使わない時にもっとも注意したいのが包丁の置き場所と向き。切っ先側を人の動線上に出しておくのはもってのほかだが、柄が調理台やまな板から外にはみ出している状態も非常に危険だ。特に洋包丁に関しては、構造上、指が柄に軽く当たるだけでも簡単に回転してしまう。これによって意図せず怪我をしてしまったり、床に落ちて刃が欠けたりということもあり得る。包丁を使わない時の定位置はまな板の奥、そして向きはまな板と平行の向き、ということを頭に入れておきたい。

切ってはいけないもの

たとえ食材であっても、切ってはいけないもの、切るのを避けたほうがいいものもある。それは刃こぼれや欠けを引き起こす可能性の高い、「硬い」食材だ。たとえば、冷凍された食材や、肉や魚の骨などが代表格。出刃包丁ならば魚の骨もある程度は切れるのだが、思い切り叩き切る行為は避けたい。骨のみならず、まな板とぶつかって欠けたり歪んだりしてしまうためだ。また、叩き切らずとも、刃を使って素材をかき出す、ほじくるといった行為も同様に欠けや歪みを誘引する可能性があるため避けるべきだろう。

よく切れる＝欠けやすい

料理人なら誰しも、切れ味のよさに定評がある包丁が欲しくなるものだ。しかしながら、すべてにおいて「パーフェクト」な包丁は存在しない。切れ味のよさは欠けやすさと表裏一体なのだ。切れ味がよいということは、刃先が鋭利であること（もちろんそれだけではないが）。その鋭利さはもろさとも言い換えられるため、この繊細さに意識を置いて、やさしく使うようにしたい。つまり、叩く、硬いものを切るなどは避けるべきということだ。逆に切れない包丁というのは刃がすでにつぶれていて欠けにくいということでもある。刃で何かを叩き切りたい時は、切れが悪くなった包丁を使うのもおすすめだ。

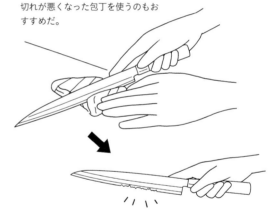

ハンドルの衛生問題

包丁の錆びや雑菌繁殖を恐れて刃を衛生的に保つべく、手入れを欠かさないという人は多いだろう。しかし、柄（ハンドル）部分はどうだろうか。包丁の形状上、洗いにくかったり、黒や焦げ茶色など色が濃くて汚れや傷が目立ちにくいタイプのものが多かったりで、この部分の洗浄を怠ってしまう人も多いのではないだろうか。清潔に洗えない状況が続くと、雑菌がハンドルのまわりで繁殖したり、柄が朽ちて刀身にガタつきが生じたりとリスクが潜んでいる。汚れや傷が見えないから大丈夫、と油断せずに、刃と同じように清潔に保つ努力をしよう。

和包丁の使い方

切り仕事は手先だけを動かせばよいというものではない。全身を効果的に使うことによって、切り上がりの美しさや作業の安全性、スピードが担保されるのだ。まな板に向かう姿勢や包丁の握り方は基本中の基本。まずは和包丁における基本を押さえておこう。なお、ここから98ページまでは辻調理師専門学校全面協力の下、解説していく。

基本の姿勢

調理台に対して身体を斜め45度に向けて立ち、前傾姿勢で構える

調理台から握りこぶし1個分ほど身体を離して立つ。利き手側の足を半歩下げて、身体を45度斜めに向ける。両足は肩幅ほどに開いて、上半身は前傾姿勢にする。これが和包丁を使う際の基本姿勢だ。まな板に対してやや斜めに構えることになるが、これは包丁が動かしやすい体勢となる。真正面から構えてしまうと、特に柳刃のように長い刃渡りの包丁を引いて切ることが難しくなるわけだ。

まな板から刃元が少し出るくらいに手前側に構え、左手は指が出ないよう軽く握り、人差し指と中指を包丁の腹に当てるようにして切り進める。

握り型

［主に］ 薄刃包丁

和包丁の基本の持ち方。人差し指と親指で刃元を挟む

 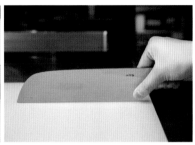

人差し指と親指で刃元を挟み、残りの3本指で柄をしっかりと握る。薄刃包丁は基本的にあらゆる食材に対してこの構えとなる。

指差し型

［主に］ 柳刃包丁　出刃包丁

人差し指を峰にのせ、切っ先を指先のようにコントロールする

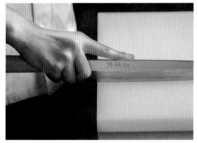 

人差し指をのばして峰にまっすぐにのせ、親指は刃元に当てて、残りの3本指で柄を握る型。主に柳刃包丁や出刃包丁の持ち方で、人差し指の延長線上に包丁の先があるため、切っ先まで神経が行き届きやすく、細かな動きが正確にできる。

叩く／逆包丁

［主に］ 出刃包丁

食材を叩く際、おろす際に必ず覚えておきたい持ち方

食材を叩く際は角巻が見える程度に柄を軽く握り、手首のスナップで振り下ろして刃元で切る。誤って刃が当たる可能性があるため左手は添えない。また、逆包丁といって刃を上に向け、人差し指を包丁の腹に当てて残る4本指で柄を握る切り方もある。これは魚の下処理でよく用いる持ち方で、刃を前に突くようにして切り進める。

和包丁の動かし方

和包丁を使ううえで、まな板に対してどのような姿勢で立ち、どのように包丁を握るかを心得たら、今度は実際にいかに動かしていくべきかを学んでいきたい。まず手と包丁の「動き」に着目した4つの基本的な切り方について解説し、その後70ページからは、切り終えた食材の「形」に着目し、調理の現場で使われる頻度の高い切り方について紹介していく。

使うのは……

1 —
2 —
3 —

1_薄刃包丁

主に野菜を切る、むく、きざむ際などに使う。刃に反りがなく、まな板に刃線がまっすぐ当たる。刃が薄く、切る時の抵抗が少ない。

2_出刃包丁

魚の三枚おろしをはじめ、魚類、鳥獣肉の下準備などに用いる。重さがあり、刃元が厚いため、骨がある食材に対してのアプローチがしやすい。

3_柳刃包丁

さばいた魚を造りにする際、また、骨の柔らかい小魚の三枚おろしや、料理を切り出す場合に使うことも。刃渡りが長く、細身であるのが特徴。

突き切り

切っ先を下げずに前に突くようにして切る

握り型で包丁を持つ。刃を食材に当て、手前から奥に向かって突くように切る方法。刃はまな板と平行の向きを保ち、手前側から斜め前に下ろす。刃は切っ先から真ん中までを使う。厚みのないものをきざむ時など、正確さや緻密さを要する際に用いる切り方。

落とし切り

食材に刃を当ててまな板にまっすぐ落とす

握り型で包丁を持って刃を食材に
まっすぐ当て、そのまままな板に
向かって包丁を下ろす。豆腐をさ
いの目に切る場合や錦糸玉子を切
る場合など、比較的柔らかい食材
の形を崩さないように切る方法。

へぎ切り

包丁を横に寝かせて持ち、前に突き切りにする

握り型で包丁を持つ。包丁を90
度横に倒してまな板と平行にし、
刃を食材に当て、前に突き切りす
る。これをくり返し、食材の上か
らへいでいく。左手はへぐ厚みを
決めつつ、食材を押さえる。食材
はあらかじめ、まな板に接する面
を平面に切りととのえておく。

引き切り

切っ先を使って線を引くように切る

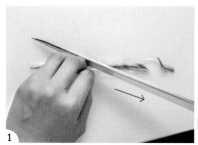 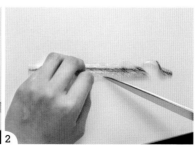

指差し型で包丁を持ち、切っ先を
まな板に当てて、奥から手前に向
かってまっすぐな線を引くように
一気に切る。主に魚を細造りにす
る際に用いる切り方。

切り方の種類

短冊切り

ダイコンやニンジンなどの食材を短冊の形に薄く切る方法で、長さ3cm、幅7mm、厚さ2mmが目安である。食材を板状に切りととのえ、小口から薄く切っていく。

半月切り

円筒状の食材を縦半分に切り、小口から切っていく方法。煮ものなど、加熱調理が長くなる場合は同じ要領で厚めに切る。

いちょう切り

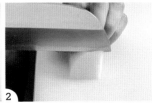

円筒状の食材を縦に十字に切り、そのまま小口から切っていく方法。弧を描いているほうを手前に向けて切ると刃が当てやすく切りやすい。

かつらむき

長さ10〜12cmに切りととのえたダイコンなどの円筒形の食材を左手で回転させながら巻物を解くようにご く薄くむいていく方法。包丁は前後に動かし、両手の親指は常に刃先の上に当てて押さえておく。

せん切り

食材を細長く切る方法。「けん」はかつらむきした食材を約10cmの長さに切って重ね、半分にたたんで細く切る。小口から繊維に沿って切る縦けん（左）と、重ねたものを90度回転させて繊維に直角に切る横けん（右）がある。

千六本

やや太めのせん切りの一種で、食材を2〜3mmの厚さに切ってから、繊維に沿って同じ2〜3mm幅で切っていく方法。ここではへぎ切りにしたニンジンを少しずつ重ね並べ、繊維に沿って端から切っていった。

拍子木切り

食材を繊維に沿って約1cm角、長さ4cmの細長い棒状に切る方法。まず食材を約1cm幅の板状に切り、これを繊維が縦になるように置き、小口から同じく1cm程度の幅で棒状に切っていく。

さいの目切り

拍子木切りにした食材をさらに1cmの幅で切り、立方体にする切り方。

あられ切り

千六本を束にして、小口と同じ幅で切って立方体にする。

みじん切り

せん切りにした食材を小口から細かくきざむ。

魚をさばく

三枚おろし

サバの三枚おろしを紹介する。出刃包丁を使い、二枚おろしにしてから三枚おろしにする。身を傷つけないよう、刃を何度も出し入れしない。なお、魚が小ぶりで細長い場合には、柳刃包丁を使い、大名おろしをすることもある。

1　カマ下で頭を落とし、内臓を取り除く。頭側を右にし、包丁を寝かせて頭から尾に向かって切る。中骨の上に沿わせながら、中央の太い骨に刃が達するまで切り進める。

2　頭側を左にし、背側から同じように中骨の上に沿わせながら包丁を入れ、中央の太い骨に達するまで切り進めていく。

3　頭の向きはそのまま、刃を尾側に向けて、中骨の上に差し入れ、身と中骨を切り離す（背側と腹側を貫通させる）。

4　尾の付け根を押さえ、包丁の向きを戻して3で貫通させたところに刃を入れ、頭側に向かって一気に切って、中央の太い骨と身を切り離す。

5　再び刃を尾側に向け、尾の付け根を切る。

6　下身をはずした状態（二枚おろし）。

7　残る上身を、骨を下、頭を右にして置く。同様に背側から中骨の中央の太い骨に達するまで包丁を入れる。

8　頭側が左に来るように向きを変え、同じく腹側から包丁を入れる。3、4、5と同じ要領で中骨から上身をはずす（三枚おろし）。

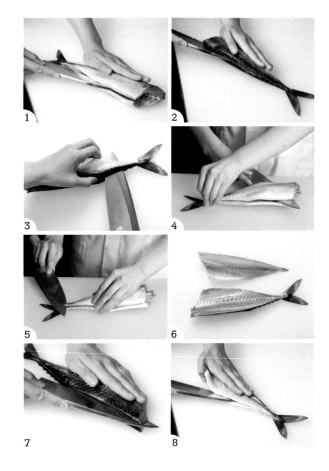

三枚におろし終えた状態。上から上身、中骨、下身の計三枚になる。

五枚おろし

出刃包丁を使った五枚おろしの方法を紹介する。ヒラメやカレイなど、特に平たい形の魚に用いられるおろし方で、上身と下身と中骨の計三枚に分けられる三枚おろしに対し、表側から腹身、背身、裏側にも腹身と背身、そして中骨の計五枚になるためこの名が付けられた。

1　ウロコを引いた後、頭を落とし、内臓を取り除く。尾の付け根に切り込みを入れる。深さは中骨に刃が達するまで。

2　尾側を手前にして縦に置く。逆包丁で、エンガワと背身の境目部分に切っ先を入れて、頭側に向かって切り込みを入れる。

3　腹側も同じように切っ先を入れて、エンガワと身の境目に切り込みを入れる。

4　包丁の向きを戻し、中央の太い骨に沿わせてまっすぐ切り込みを入れる。

5　腹身からおろす。包丁を寝かせて入れ、中央の太い骨と腹骨のつなぎ目を切り離す。

6　さらに中骨に沿わせて、頭側から尾に向かって刃を入れる。この時、左手で腹身をめくりながら作業する。刃がエンガワの境目と尾の切り込みまで達したら身をはずす。

7　次に背身をおろす。頭側を手前にし、包丁を寝かせて入れ、中骨に沿わせながら切り進める。身を傷つけないよう刃を大きく使うこと。

8　左手で身をめくりながら頭側に向かって切り進め、エンガワの境目と尾の切り込みまで切って身をはずす。

≫

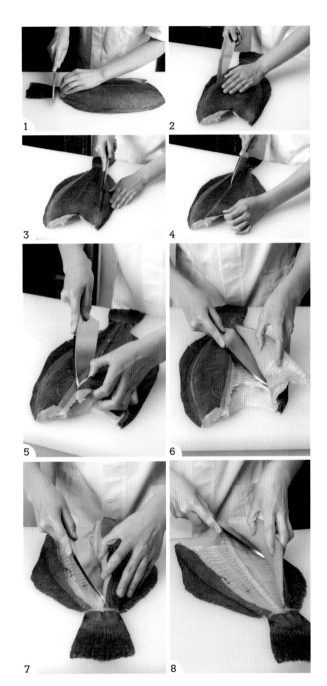

1　2　3　4　5　6　7　8

9 魚を裏返して置く。1と同様に尾の付け根に切り込みを入れる。

10 2と同様に、尾側を手前にして縦に置き、逆包丁でエンガワと腹身の境目部分に切っ先を入れ、頭側に向かって切り込みを入れる。

11 背側も同じようにエンガワと身の境目に切り込みを入れる。

12 包丁の向きを戻し、中央の太い骨に沿わせてまっすぐ切り込みを入れる。

13 切り込みから包丁を寝かせて入れ、中骨の上に沿わせながら頭側から尾に向かって切り進め、エンガワの境目と尾の切り込みまで切って、背身をはずす。

14 頭側を手前にし、腹身も同じように包丁を寝かせて入れ、中骨からはずす。

15 この状態で計五枚に分かれる。エンガワは中骨に付いた状態のまま。

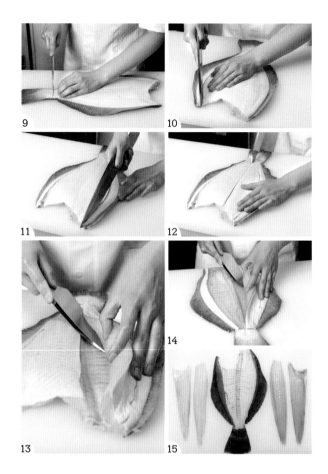

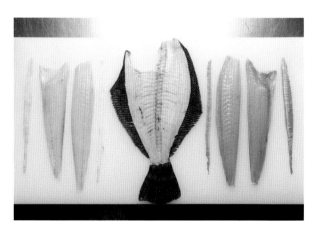

15からエンガワをはずした状態。左から順に裏側のエンガワと腹身、背身とエンガワ、中骨、表側のエンガワと背身、腹身とエンガワ。

サク取り（節取り）

「サクに取る」とは、骨を除いた魚の身から血合いを取り除き、腹身と背身に切り分けること。造り（刺身）を切るための準備。ここでは三枚におろしたタイをサクに取る方法を紹介する。

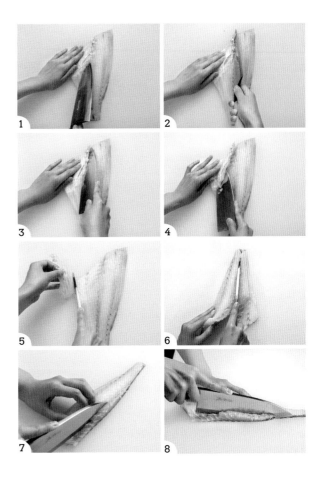

1　三枚におろしたタイの身を、皮目を下、尾側を手前にして置く。左手を添え、逆包丁で腹骨の付け根に切り目を入れる。

2　そのまま頭側まで前に突くようにして切り進める。この時逆包丁を使うのは身を傷つけないようにするため。

3　包丁を通常の向きに持ち直し、1、2で入れた切り込みに沿って刃を入れる。

4　そのまま包丁を引いて腹骨をすき取る。この時腹身を切り落とさないように注意する。

5　腹骨を持ち上げ、包丁を立てて引いて切り離す。

6　頭側が手前に来るように向きを変え、頭側から尾に向かって、血合いの右側を切る。尾側まで切り進め、背身と腹身に切り分ける。

7　血合いの左側、真ん中あたりに刃を入れて、手前に引いて切る。

8　最後は再び真ん中あたりに刃を入れ、突き切りで血合いを切り離す。

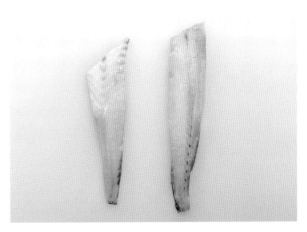

サク取りを終えた状態。左が腹身で右が背身。この状態から造り（刺身）にする。

造りの種類

魚種によって適した造りの身の厚さや形がある。身が柔らかい魚で
あれば薄すぎないほどほどの厚さに切り、歯ごたえのある魚は薄く
造らないと食べにくい。持ち味に応じて造り方を変える必要がある
わけだ。ここでは代表的な造りの種類を3つ紹介する。

平造り

もっとも一般的な
造りの方法

サク取りし、皮を引いた食材（今回はタイ）
の皮目を上に、身の厚いほうを奥に置き、
指差し型で包丁を構え、刃元を食材に当
てる。刃元から切っ先までを大きく使っ
て一気に包丁を引いて一切れを切り終え、
右に送る。

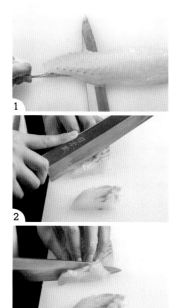

そぎ造り

引きと押し、食材の形状に
応じて使い分ける

サク取りした食材の尾を左側に、皮目を
下にして置く。身の手前側が薄い場合、
繊維に沿うよう、刃が斜め右を向くよう
に当て、切っ先まで使って手前に引いて
そぎ、包丁を立てて切り離す（1）。手前
が厚い場合は、刃を斜め左に向けて寝か
せて当て、前に押し出すように突き、刃
を立てて切り離す（2、3）。

薄造り

身が硬く締まった
食材に向く造り方

サク取りした食材の皮目を上に、身の薄
いほうを手前に置く。動きとしてはそぎ
造りとほぼ同じで、左手の人差し指と中
指で食材を押さえながら包丁を寝かせて
左側から切る。刃元から切っ先までを大
きく使い、1回の動きで切り終える。ご
く薄く切るため、切り終えたら左手で造
り身を持ち、そのまま器に盛り付ける。

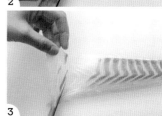

飾り切り

日本料理における飾り切りはそのほとんどが野菜に施されるもので、料理に彩りや華やかさ、季節感を与える大切な要素だ。ここでは中でも基本的なものを中心にほんの一部を紹介するが、この他にも実に多種多様の飾り切りがあるため、ぜひチャレンジしてみてほしい。

ねじ梅

初春の煮ものに彩りを添える、立体的な花形

ニンジンを正五角形に切る。各辺の中央に5mmほどの深さの切り込みを入れ、五角形の頂点から切り込みまで弧を描くように切る。これをくり返し、一周したら裏も同様に切り、「梅人参」（花形）をつくる。花びらのくびれの部分と中心を結ぶように斜めに切り込みを入れ、そぐように立体的に切り取る。

蛇腹胡瓜

刺身のあしらいや酢のもの、漬けものに

キュウリの両端を切り揃え、枝付き側は切り口の周囲の皮をむく。キュウリに対して斜めに刃を構え、同じ角度で切り込みを入れていく。切っ先のみまな板に付けるようにして、刃元側を浮かせて切り進める。キュウリを180度転がして切り込みが入っていない側を上にし、同じ角度で斜めに切り込みを入れていく。

雪輪蓮根

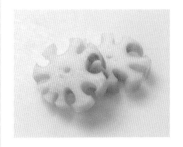

甘酢に浸けて冬の料理の添えものに

レンコンを筒切りにして皮をむき、そのままかつらむきの要領で穴と穴をつなげるようにして厚めに外側をむいていく。一周むき終えたら輪切りにしてでき上がり。ハガネ製の包丁を使うとレンコンが黒く変色してしまうため、ステンレス製包丁を使うとよい。

洋包丁の使い方

フランス料理に代表される西洋料理において、切る行為は日本料理とは異なり、加熱調理に入る前の下準備という位置付けである。食材を切りととのえることによって、より扱いやすく、食材の持ち味を引き出しやすくするという目的がある。ここではスポーツにおける"フォーム"と同じく重要な基礎中の基礎、包丁の構え方について解説していく。

基本の姿勢　背筋を伸ばし、左手と包丁が直角になるよう構える

まず、まな板に対して平行に立ち、両足は肩幅に開いて上半身は背筋をピンと伸ばす。調理台と身体の間は握りこぶし1個分空ける。利き足を半歩後ろに引いてやや斜めに構え、右手から包丁までが一直線になるようにする。

背筋を伸ばして立つことで、腕を大きく使うことができ、また長時間の作業でも疲れが出にくくなる。実際に切る時には押し切りが中心で、視線だけを下に落とす。

包丁はまな板に対して垂直に立てて持ち、左手と包丁が直角になるように構える。左手は軽く握って人差し指と中指を包丁の腹に当てる。

基本形

[主に]　牛刀　　洋出刃

牛刀などの大きい包丁の基本的な握り方

牛刀のように刃渡りが長く大きい包丁を持つ際の基本的な握り方。柄が手で隠れるように上から持つ。親指と人差し指でツバのあたりを包み、残りの3本指で固定する。親指と人差し指の動きで刃をコントロールする。

刃元を持つ

[主に]　牛刀　　洋出刃

刃が垂直に立つように刃元を挟んで固定する

刃元を人差し指と親指で挟むように押さえ、残りの3本指を柄に添える。高さがない食材を切る際、まな板に対して刃を垂直に保ち、まっすぐ安定して切ることができる持ち方。

指差し形

[主に]　ペティナイフ　牛刀

人差し指で切っ先を自在にコントロールする

人差し指を包丁の峰にのせ、残りの4本指で柄を固定する持ち方。人差し指で切っ先の動きを自在にコントロールしやすくなるため、細かい作業をする際や、正確さを求められる作業をする際に向く。

洋包丁の動かし方

洋包丁を使ううえで、どのように動かすべきか、また基本的な切り方について解説していく。洋包丁は和包丁と異なり、両刃構造になっているため、基本的に刃の向きはまな板に対して常に垂直に立っている状態を意識する。これが斜めに傾いてしまうと切り口が揃わなかったり刃の欠けにつながったりするため注意したい。

使うのは……

— 1

— 2

— 3

1_牛刀

刃渡り20〜30cmと長めで、肉や魚、野菜と余程硬いものでなければ食材を選ばずなんでも切ることができる万能包丁。

2_骨すき包丁

骨付き肉の骨から肉を切り離すなど、肉全般をさばくために使う包丁。形によっては魚をさばくのにも使える。

3_ペティナイフ

刃渡り9〜15cm程度と短く、幅も狭いナイフ。野菜や果物の皮むきやカット、飾り切りなどの細かな手作業に用いる。

押し切り

1

2

左手で食材を押さえ、右手で牛刀を持ち、包丁の基本の構えをする。切っ先の部分をまな板につけたまま刃元を上に持ち上げ、手首を使ってまな板の上をすべらせるようにして元の位置へ戻す。この時、包丁とまな板の角度が垂直になっているよう注意する。

引き切り

1

2

柔らかい食材や背の高い食材に向く切り方で、主にペティナイフを使う。左手で食材を押さえ、指差し型で構える。刃を一度まな板から浮かせて斜め前に出し、元の位置に戻すように斜め後ろに引いて切る。手早く切りやすいため、スピードを要する時にも向く。

切り方の種類

エマンセ

タマネギやニンジンなどの食材を均等に薄くスライスすること。厚さ1〜2mmであることが多い。

ペイザンヌ

色紙切りのこと。大きさは1辺1cm前後、厚さ1〜2mmが目安。棒状に切ったものを小口から均等な幅で切る。

ジュリエンヌ

せん切りのこと。長さは4〜6cmが目安。食材を繊維に沿ってごく薄い板状に切った後、少しずつ重なるよ

うにずらして並べ、繊維に沿って端からごく細く切る。

シフォナード

サラダ菜やホウレンソウといった柔らかい葉菜類を、3〜5mm幅の細切りにすること。葉を繊維の向きに

沿って巻き、端から繊維と垂直の向きになるよう3〜5mm幅で切っていく。

バトネ

1

2

棒状に切ること。大きさは用途によるが5〜6mm角、長さ5〜6cmが一般的。まず厚さ5〜6mm、長さ5〜

6cmの板状に切りととのえた食材を、端から5〜6mm幅で切っていく。

1

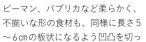

2

ピーマン、パプリカなど柔らかく、不揃いな形の食材も、同様に長さ5〜6cmの板状になるよう凹凸を切っ

て形をととのえ、端から食材の厚さと同じ幅で切っていく。

デ

サイコロを意味する「デ（dés）」。さいの目に切ることを意味する。デ自体には明確なサイズの定義はないが、1cm前後の角を指すことが多い。1cm角に切るとマセドワーヌ、4〜5mm角に切るとブリュノワーズ、1〜2mm角に切るとサルピコンとなる。いずれも食材を目的に合う大きさになるよう棒状に切った後、均等な幅で小口からきざんでいく。

マセドワーヌ

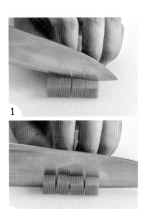

1

2

ブリュノワーズ

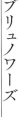

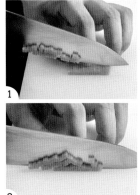

1

2

サルピコン

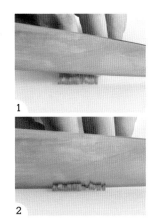

1

2

コンカッセ

1

2

粗みじん切り。「カッセ（casser）」は「壊す」という意味で、でのようにきれいなさいの目である必要はない。特にトマトのように、きざむと

形が残りにくい食材に対して用いることが多い。トマトを半割にして種の部分を取り除き、手で平らにして棒状に切る。これをさらにきざむ。

シズレ

1

2

3 4

細かくきざんだみじん切りのこと。タマネギをまず半割にし、ペティナイフで繊維に沿って1〜2mm幅で切り込みを入れる（根元はつなげておく）。タマネギを左に90度回転させ、牛刀に持ち替え、刃を寝かせて横から切り込みを数回入れる。最後に繊維に対して直角に薄く切っていく。

アッシェ

1

2

シズレをさらに細かくきざんだもの。シズレした食材を広げ、左手の人差し指と中指を包丁の峰に当て、刃元だけを上げては下ろすことをくり返

す。なお、ニンニクや香草など、細かくきざんであれば形をそこまで問われない食材はシズレを経ずにいきなりアッシェする。

魚をさばく

三枚おろし

西洋料理においても三枚おろしの方法は、日本料理のそれと大きな違いはない。ここでは西洋料理によく使われるスズキを題材に、牛刀を使ってさばくプロセスを紹介する。魚をさばく際は洋出刃を使うことも多いが、スズキのように身幅の広い魚の場合は、刃渡りが長い包丁を使うほうがよい。

1 スズキのヒレとウロコを落とし、腹を開いて内臓を取り除き、骨に沿って血合いに切り込みを入れて水で洗う。腹が手前、頭が左に来るようにまな板にのせ、エラに沿うように刃を斜めに入れ、中骨に当たるまで切る。

2 魚を裏返して同じように切り込みを入れて、頭を落とす。

3 頭側が右、腹が手前に来るように置き、包丁を寝かせて中骨の上に入れ、腹から尾に向かって切り進める。

4 中央の太い骨に切っ先が達するまで刃を入れて、腹から尾の付け根まで刃全体を使って切り進め、中骨と腹身を切り離す。

5 次に背を手前に来るように置き、尾側から同様に包丁を寝かせて刃を入れていく。

6 4と同様に深さは中央の太い骨に達するまで。中骨の上を沿って刃を進め、背身と中骨を切り離す。

7 尾を左手で押さえ、中央の太い骨の上に刃を寝かせて入れる。そのまま刃を頭側まで一気に切り進める。中央の太い骨と身を切り離す。

8 刃の向きを変え、尾のつながっている部分を切り離す。

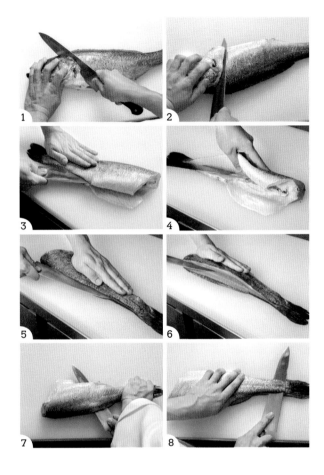

写真は二枚おろしの状態。ここから骨の付いた身のほうも同じように中骨を下にして、背側、腹側の順で三枚におろす。

エスカロップにする

魚は基本的に、ポーションに分けてから調理することが多い。その切り方は厚みを持たせて切り分けたメダイヨン、骨ごと筒切りにするトロンソン、厚みを持たせて骨付きで輪切りにするダルヌなどさまざまあるが、ここでは三枚おろしにした後にそぎ切りにするエスカロップを紹介する。

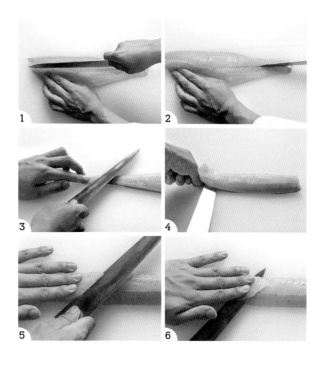

1 三枚におろした身から腹骨を取り除いたものを用意する。頭側を左にして置く。

2 中央の太い骨があった部分に沿ってまっすぐ切り、腹身と背身を切り分ける（サク取り）。

3 尾側を左に向けて置く。左手で端を押さえ、刃が皮に達する深さまで切り込みを入れる。

4 刃の向きを逆に向けて、左手で皮を引っ張るようにして、刃を上下に小刻みに動かしながら頭のほうへ切り進めて皮を引く。

5 包丁の切っ先を斜め右に向け、刃元を身に寝かせて当て、1cm程度の厚みでそぎ切りにしていく。

6 そぐ時の包丁の動きは、刃全体を大きく使って一気に引いて切ることを意識する。

厚さ1cm前後に切り分けた薄切り（エスカロップ）。フランス料理だとこのまま皿焼きにしたりする。

肉をさばく

四つ落とし

鶏を四つ落としにする方法を紹介する。鶏を胸肉2枚、腿肉2枚の計4枚におろすことから四つ落としの名が付いた。ガラを断ち切るなどの作業が発生するため、骨すき包丁を用いる。

1　胸を上に向けて置き、両腿の付け根と胸肉の間の皮に切り込みを入れる。

2　裏返して背を上に向け、両腿を外側に折るようにして付け根の関節を脱臼させる。

3　両腿の付け根に横に切り込みを入れ、次に背から尻まで縦に切り込みを入れる。深さは刃が骨に達するくらいまで。

4　骨盤状の左右のくぼみ（十字の切り込みの中心）にある部位であるソリレスを、切り込みから指を入れて起こし、包丁でガラを押さえながら腿肉を骨盤から手ではがす。腿肉を手ではがそうとすると関節で止まるため、関節を包丁で切る。

5　肉がはがれたら皮を切って完全に切り離す。反対側の腿肉も同様にはずす。

6　鶏の頭があった部分を下に、背を手前に向けて置き、片方の肩甲骨とガラの間に包丁を入れて首の付け根まで切り進め、肩甲骨をガラから切り離す。もう片方も同様にする。

7　首の付け根に両指を入れ、胸肉からガラを引きはがす。

8　胸肉に皮が左右対称に張るように手で引っ張る。鶏の首側を手前に、皮を下にして置いて、包丁の刃元で左右の胸肉をつないでいる真ん中の骨を断ち切り、左右に切り離す。

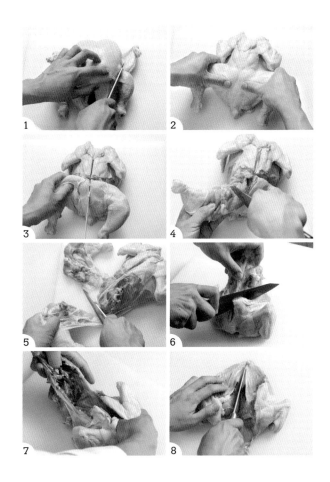

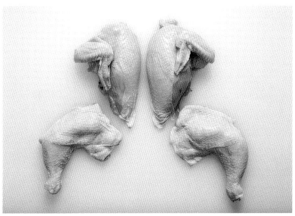

胸肉2枚、腿肉2枚に分かれた状態。いずれも骨は付いたまま。胸肉に骨を付けずに四つ落としにする方法もあり、その場合は5までは同様の手順を踏み、6で胸を下にして胸骨に沿って切り込みを入れ、ガラと胸肉の間に包丁を入れて切り離す。

腿肉を開く

鶏を四つ落としにした状態では、まだ肉に骨が付いたまま。ここから包丁をどのように使い、肉から骨をはずし、1枚の肉にしていくべきか、腿肉を題材にプロセスを追っていく。ここでは骨すき包丁を使う。

1　腿肉の付け根には骨（下腿の骨）がある。左手でこの骨の端を押さえ、骨と肉の間に切っ先を当て、骨に沿うように切り込みを入れる。

2　1の骨の先にももう1本骨（大腿骨）があるため、これを露出させるようにして肉を切り開く。

3　1で入れた切り込みから肉を左右に切り開き、骨と肉を切り離す。2で露出させた骨も同様に肉から離す。

4　2本の骨をつないでいる関節部分に、包丁の刃を入れる。

5　大腿骨と下腿の肉を完全に切り離す。この時皮まで断ち切らないように注意する。

6　腿肉を裏返し、関節まわりの筋を切る。大腿骨を包丁で押さえ、肉を引っ張って大腿骨からはがし、骨を肉から切り離す。

7　肉に残っている下腿の骨の先だけを肉に残したまま、包丁の刃元で切る。この時、肉まで切らないように注意する。

8　左手で少し残した骨部分を持ち、下腿の骨を包丁で押さえながら肉を引っ張る。ある程度離れたら肉を傷つけないように刃を入れて骨を切り離す。最後に左手で持っていた骨の付け根を切り離す。

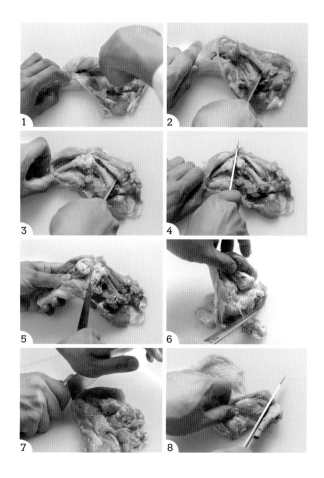

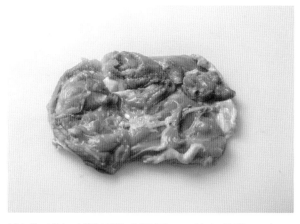

1枚に開いた腿肉。大腿骨と下腿の骨を取り除いているため、骨は残っていない。

デネルヴェする

肉類の筋を取り除くことをフランス語でデネルヴェ（dénerver）という。これは食材の表面をととのえつつ、食感を損なう要素を取り除く意味合いがある。

筋が上に来るようにフィレ肉をまな板に置く。肉の端の、筋と肉の境に包丁の刃を寝かせて入れる。刃を外に向けて、肉と筋を切り離す。

1

1で切り離したところから刃を内向きに寝かせて差し入れる。包丁で肉を押さえ、左手で筋を引っ張る。

2

そのまま大きく包丁を滑らせ、筋を取り除く。この時、刃を前後に細かく動かすと肉の表面が傷つくため、極力刃全体を大きく使う。

3

デネルヴェしたことによって筋がなくなり、表面がきれいにととのえられた仔牛のフィレ肉。

エスカロップにする

ここでは仔牛のフィレ肉を題材に取り、牛刀を使ってデネルヴェした後、エスカロップ（そぎ切り）にする方法を紹介する。

デネルヴェし終えたフィレ肉をエスカロップにする。フィレ肉は場所によって太さが異なる。端の細い部分を取り除き、太さが一定で形のととのっている部分から切り出す。

1

包丁の切っ先を肉に対して斜め右に向けて寝かせて入れ、ある程度の厚みを持たせてそぎ切りにする。

2

均等な厚みになるよう包丁を斜めに入れ、そぎ切りにする。

3

エスカロップにした仔牛のフィレ肉。ある程度の厚みがあり、斜めに切ることで、切り口が大きく取れる。

飾り切り

西洋料理において飾り切りは、食材の形をととのえることで火の通りをよくする、食感を均一にする、食べやすくするといった意味合いを持つ。ここではその代表格である、フランス料理の伝統的な切り込みのテクニック「トゥルネ」を紹介する。トゥルネという言葉には、野菜の面取りをするという意味もある。

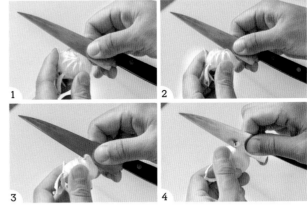

トゥルネ

マッシュルームの傘に放射線状をきざみつけるトゥルネ（tourner）を紹介する。右手の人差し指と親指でペティナイフの刃元を持ち、マッシュルームの傘の中心に刃を寝かせて当てる。刃を縦に起こすのと同時に、左手で

マッシュルームをナイフの動きと逆方向にひねらせ、表面に浅い切り込みを入れる。少しずつ傘を回転させながらこの切り込みを全面に入れてゆき放射線状にする。

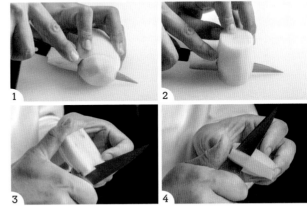

シャトー／ココット

ジャガイモの場合、長さが6cmほど、太めにトゥルネ（面取り）したものをシャトー、それより細く、4〜5cmの長さにトゥルネしたものをココットと呼ぶ。皮をむいて両端を平行に切り、縦半分にする。右手の親指をジャ

ガイモの手前側の断面に当て、刃を向こう側から入れ、側面が弧を描くように刃を引き寄せる。ジャガイモを回転させながらこの動きをくり返し、6〜7面の紡錘形に仕上げる。

中華包丁の使い方

中国料理で使う包丁は「菜刀（ツァイタオ）」といい、刃の幅が広い特徴的な形をしている。この形状を活かして、材料を切る他にも、包丁の腹で押さえて食材をつぶしたり、材料をのせて運んだりする。こうした包丁さばきは「刀工（タオコン）」といい、ここでは刀工を会得する前に重要な、正しい姿勢と包丁の握り方について解説する。

基本の姿勢

包丁と左手で直角をつくり
左手で刃の動きを誘導する

　まず、足を肩幅くらいに開き、調理台から握りこぶし1〜2個分身体を離して、まな板の正面にまっすぐ立つ。上半身は曲げずに、軽く前傾姿勢になり、左右の脇は締めずに、軽く開いて肩の力を抜く。これが中華包丁を使う際の基本的な姿勢だ。
　包丁を持つ右手と、食材を押さえる左手

で、まな板の上で直角をつくるイメージで構える。この時、左手は軽く握り、中指の第一関節を包丁の腹に当てる。左手は食材が動かないよう押さえ、かつ包丁が狂いなく切れるよう動きを誘導する役目がある。
　視線は包丁の峰に向け、きちんと切れているかをそのつど確認する。

握り方

まな板に対して垂直に
包丁を動かす際の握り方

手を軽く握った時に手の平にできるくぼみの中に包丁の柄を収めるように握る。中指、薬指、小指の3本指で柄をしっかりと握り、人差し指は柄の端に引っ掛けるようにかぎ形にして包丁の腹につける。親指は反対側の刃元をしっかり押さえ、この親指と人差し指の2本で刃をしっかり挟むことで横ぶれを防ぐ。

飾り切りをするなど
包丁を細かく動かす際の持ち方

こちらは左記の応用で、飾り切りのように包丁を細かく動かす際の持ち方。まず、左記の握り方と同じように包丁の柄を手の平に収め、薬指と小指でしっかりと握る。この時、縦切りの時よりもやや刃元に近い部分を持つようにする。人差し指と中指を刃の腹まで伸ばし、親指で反対側の刃元を押さえる。この3本指で刃をしっかりと支え、ぶれるのを防ぐ。

まな板について

中国料理で使われるまな板は砧板、菜墩子と呼ばれており、もともとは両刃の大きな中華包丁を垂直に下ろした時にもはね返りのない、切り株状の木の板を使っていた。現在は衛生上の都合から、合成樹脂製のものが使われることがほとんど。直径30〜50cmと大きさには幅があり、高さは10〜15cmのものが主流で、厚みを持たせることで大きく重い刃が当たってもまな板がズレにくいようになっている。

中華包丁の動かし方

中国料理において、包丁を動かしてさまざまな切り方をすることを「刀法（タオファー）」と呼ぶ。基本的に、縦切り（まな板に対して垂直に刃を下ろす切り方）と横切り（まな板に対して水平に刃を動かす切り方）、加えて斜め切りがあり、食材の特徴に応じてこれらを使い分ける。

使うのは……

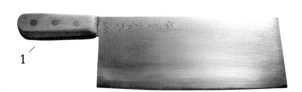

1

1_片刀（薄刃）（ビエンタオ）

刃が薄く、中華包丁の中では軽量で、もっともスタンダードな形。肉や野菜を切るために用いられるが、骨などの硬い材料を切るのには向かない。

2

2_切刀（厚刃）（チェタオ）

片刀よりも刃全体にやや厚みがあり、重い。このため、小骨や軟骨の付いた硬さのある食材を切ることもできる。

押し切り

手首の屈伸で刃先を斜め前方に押し出して切る

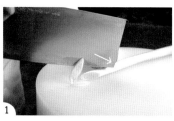

1

2

食材に対してやや斜め上から包丁を縦切りの構えで持ち、斜め前方に刃を押し出すようにして刃先を滑らせて切り、刃の真ん中あたりで食材を切り終える。ひじは動かさず、手首の屈伸で切る。刃先を滑らせて切るため抵抗が生じにくく、ネギやショウガなどの繊維が硬い食材や、ダイコンなどの大きな食材に用いることが多い。

落とし切り

食材を手早く切るうえでもっとも重要な切り方

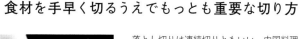

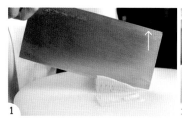

1

2

落とし切りは連続切りともいい、中国料理においてもっとも重要な切り方とされる。まず、柄をしっかりと持ち、切っ先はまな板につけたままにする。刃元を浮かせ、ひじを動かさずに手首で切っ先を持ち上げ、まな板に対して水平に起こし、そのまま下に落とす。この一連の動きをすばやくくり返す。

引き切り

切っ先で線を引くように柔らかい食材を切る

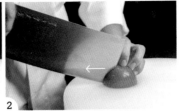

トマトやキュウリのように柔らかい食材を切るのに用いる。刃の前方を食材に当て、切っ先をまな板につけたまま刃元は浮かせ、そのまま刃を手前側に引いて切る。切っ先で線を引くように食材を切っていく。この時、手首の角度は固定して、前後の動きのみとする。

叩き切り

上から振り下ろす力で骨などの硬い食材を叩き切る

骨付きの鶏腿肉やスペアリブなど、骨や軟骨のある食材を、厚刃や骨切り包丁を使って一刀両断に切る方法。切っ先側を刃元よりも高く上げ、腕を振り下ろす力で叩き切る。切っ先側ではなく、刃元側で切ることを意識する。

水平切り

まな板と平行に包丁を動かす、横切りの一種

包丁とまな板を平行にし、材料の厚さを揃えて薄切りにする方法で、横切りともいう。食材を置き、上から左手で押さえる。包丁をまな板に対して平行に寝かせ、食材に対してまっすぐ刃を入れて切る。切った材料は左手の指で手首側に寄せ、階段状にずらしていく。肉などの柔らかい食材は下から切り、硬い食材は上から切る。

斜め切り

厚みのない材料の断面を大きく取る切り方

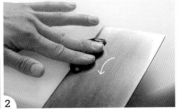

包丁の刃を斜めに当てて切る方法。厚みがなく、柔らかい食材の断面を大きく、あるいは長くしたい時に用いる切り方。包丁を構え、食材に刃元を当てる。この時、刃の角度はまな板に対して水平よりも少し立てた状態（＝斜め）。そのまま包丁を手前に弧を描くように引き、切っ先のあたりで食材を切り終える。

切り方の種類

薄切り（片^{ピエン}）

中国料理において、薄切りは「片^{ピエン}」と呼ばれ、その切り方は画
一ではなく食材の硬さや大きさに応じて垂直切り、押し切り、
引き切りなどを使い分けて薄切りにしていく。ここではあらゆ
る食材を薄切りにするための多彩な動かし方を紹介する。

垂直切り

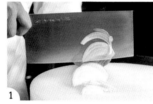

1

2

強い力を加えなくても包丁の重みで
切れる材料に向く切り方。まな板に
対して刃を垂直に立て、食材に対し

てまっすぐ刃を下ろして切る。ここ
では半割にしたタマネギを端から1
mm幅の薄切りにした。

押し切り

1

2

ネギやショウガなどの繊維が硬い食
材、ダイコンのように大きな食材を
切る時に用いる。食材に切っ先側を

当て、そのまま斜め前方に刃を滑ら
せるようにして切る。

斜め切り

1

2

鶏肉やシイタケなど、柔らかく、厚
みのない食材を薄く切る際の方法。
断面が大きく取れる。食材に対して

斜めに刃を当て、手前側に弧を描く
ように引きながら切り離す。

水平押し切り

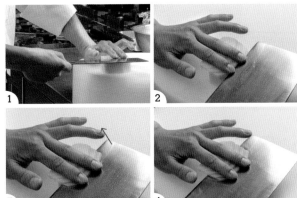

適度な硬さのある食材を薄く切る方法。包丁をまな板に対して水平に寝かせ、左手の2本指で厚さを測りながら、前に突くように押して切る。上から順に切ることで階段状に並ぶため、細切りなどに移行しやすい。

水平引き切り

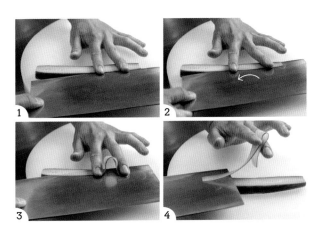

キュウリや生魚の上身など、比較的柔らかい食材を薄切りにしたい時に用いる。食材を縦長の向きに置き、水平に寝かせた包丁の刃先から食材に切り込んで弧を描くように手前側に引いて切る。

水平押し引き切り

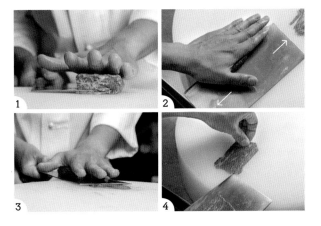

肉などの柔らかく不安定な形状のものを薄切りにしたい時に向く。上から材料を押さえ、水平に寝かせた包丁を食材の下方に入れて、刃を前後に動かしながら端まで切り終える。切ったものは階段状に並べておく。

細切り（絲）スー

1

水平押し切りで薄切りにし、階段状に並べたタケノコを、端から約2mm幅で細切りにする。この時落とし切り

2

（連続切り）の動きを意識する。この他ズッキーニなど、ある程度の硬さや厚みを持つ食材なら同様に切れる。

1

塊肉を細切りにする方法。水平押し引き切りで薄切りにし、階段状に並べた肉を端から細切りにする。押し

2

切りの要領で切るが、切ったら峰を外側に倒して切れているかを確認し、同じ肉を2回切ることを防ぐ。

1

ネギを細切りにする場合は、まず5〜8cm程度の長さで筒切りにした後、繊維に沿って切り込みを入れて開く。

2

四角形に開いたネギを複数枚重ねて、端から1mm幅で押し切りしていく。

拍子木切り（条）ティヤオ

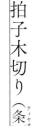

1

「絲」より太いものを表す。食材を厚さ1cm程度の切りやすい大きさの板状に切りととのえる。これを端か

2

ら厚さと同じ幅で押し切りにしていく。

さいの目切り（丁）_{ティン}

1 １〜1.5cm角のさいの目状を意味する「丁」。鶏の腿肉のように凹凸のある材料は、一度開いて表面を平ら

2 にととのえ、筋を切る。１〜1.5cm幅の拍子木切りにしてから90度向きを変え、同じ幅で角切りにする。

ぶつ切り（塊）_{クァイ}

1 大きな角切り、ぶつ切りを意味する「塊」。ナスやサツマイモのように、棒状の食材は、食材を回転させなが

2 ら切ると大きさや形が揃う。食材に対して斜め45度の向きで刃を入れ、押し切りで切っていく。

粗みじん切り（粒）_{リー}

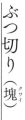

粗みじん切りを意味する「粒」。まず２〜３mm幅の棒状に切ったものを横からきざんで米粒大にする。エ

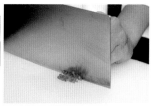

シャロットやタマネギのような形状のものは、半割にしたものに一度格子状の切り込みを入れてからきざむ。

みじん切り（末）_{モー}

1 「粒」よりもさらに細かいみじん切りを意味する「末」。ニンニクの場合は、一度半割にして包丁の腹で叩

2 いてからきざむ。これにより、香りを立たせる狙いがある。

飾り切り

中国料理では肉、魚、野菜とあらゆる食材に飾り切りがなされるが、いずれも形をととのえるだけでなく、火の通りをよくし、調味料がからみやすくするなどの目的がある。いくつか抜粋して紹介する。

キュウリ

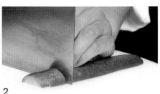

1 材料に対して垂直に切り込みを入れていく飾り切りを紹介する。ここではキュウリを題材とした。縦に半割にし、端からごく細い幅で切り込みを入れて

2 いき、2cm幅ごとに切り離す。扇形に開くことで華やかさをプラスする飾りとしたり、調味液に漬ける際に味を染み込みやすくしたりする狙いがある。

イカ

1 イカなどに用いる飾り切りで、「双飛片（シュワンフェイピエン）」という。切り込みを入れた後にさっとゆでて動きを出す。イカを端から2〜3mm幅で3分の2程度の深さの

2・3 切り込みを入れる。90度向きを変え、包丁を斜めに寝かせて切り込みに対して直角方向からへぎ切りにする。一刀目は切り離さず、二刀目で切り離す。

トウガン

1 トウガンを例に取り、食材の表面に格子状に切り込みを入れる飾り切りを紹介する。これにより、味を染み込みやすくする狙いがあり、かつ加熱すると

2 花のように開くため、華やかな見た目となる。トウガンを一口大の角切りにし、表面に2〜3mm幅で斜めに格子状の切り込みを深く入れる。

ニンジン

1 ニンジンのように色鮮やかな食材はさまざまな造形に切り、料理の彩りとする。鳥の形はその代表例。3〜4cm程度の輪切りにしたニンジンを縦に半割

2・3 にし、平らなほうに切り込みを入れ、頭とクチバシを切り出す。カーブのあるほうを羽と見なして切り込みを等間隔に入れていく。

包丁・砥石の
育て方

Chapter 3

研ぎはじめる前に

—

研ぐことの重要性

どんな刃物も、何かを切ればそのぶん刃は抵抗を受け、摩耗していくため、そのまま使い続ければ刃先が欠けたり、丸くなったり、刃物としては使えない代物になってしまう。ここから切れ味を復活させ、元の刃の状態に近づけることが刃物を研ぐことの目的である。こと包丁に関していえば、切れ味の良し悪しが味や食感、食材の品質に大きく影響を及ぼすことがあり、プロの料理人であれば、この影響は見過ごせないものだろう。現に「切れ味のよい包丁」と「切れの悪い包丁」の2本で切った同じトマトの抽出液を、味覚を数値化でき

るセンサーにかけた研究が存在し、これによれば切れの悪い包丁で切ったトマトから出たエキスからは、切れ味のよい包丁で切ったトマトの2倍以上の苦味と雑味が検出され、塩味が微量増、酸味が微量減したというデータがある。実際に刃が摩耗している包丁と、きれいに研いだ包丁とで同じ食材を切り比べてみると、水分の出方や形の崩れ方に違いが出るということは、皆さんも経験からよくご存知であろう。これが食感や味にも影響するとわかれば、包丁を研ぎ、よい切れ味を保つことの重要性がおわかりいただけるはずだ。

切れの悪い包丁　　　**研ぎたての包丁**

| 切り比べ |

1本のキュウリを、しばらく研いでいない切れの悪い包丁と、研ぎたての包丁の2本で切り比べた。左のしばらく研いでいない切れの悪い包丁で切ったキュウリのほうが、右に比べると水分が流出し、表面ににじみ出てしまっていることがわかる。右の研ぎたての包丁で切ったキュウリはなめらかなテクスチャーで、食すとえぐみがまったく感じられない。

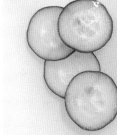

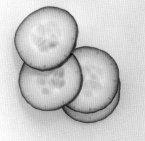

研ぎはじめる前に

研ぎの基本工程

　実際に砥石を使って包丁を研いでいく前に、いくつか理解しておきたいことがある。まず、研ぎの基本的な流れである。基本的に、どんな包丁も「形づくり」をして「刃付け」をする、この2段階で研いでいくことになる。形づくりとは、和包丁でいうところのしのぎから下の切刃を研ぎ、凹凸ができていたらこれをなくしたり、厚みを減らしたりすることで、形をととのえていくことである。刃付けとは、「糸刃」と呼ばれる、切刃の先にもう一段階角度の異なる刃をつくることで、要は形づくりによって薄くしたままでは刃先が薄すぎて欠けやすくなるため、鈍角の刃を付けて二段刃構造にするということだ。

　「切刃をつくって糸刃を付ける」ことが研ぎの基本的な工程で、洋包丁も基本的には同じ流れで研いでいくということに注意してほしい。洋包丁には切刃そのものはないが、和包丁と同様、形づくりによって刃先までの厚みを取ってから糸刃を付けるという流れに変わりはない。もちろん両刃の洋包丁は裏面を表面と同じように研ぐなど片刃包丁と異なるアプローチをする必要があるが、和包丁と洋包丁を分けて考えないようにしよう。

1　2　3

研ぎのプロセス

研ぐ前の包丁（1）を見ると、切刃の部分に一部白い色ムラがあるのが確認できる。このムラは表面に凹凸があるということ。これをフラットにするために、研いで形づくりをする（2）。この時、包丁は砥石に対してやや寝かせている。切刃が研げたら峰を少し起こして研ぎ、糸刃を付ける（3）。研ぎ終わりには表面のムラがないことが望ましい。

研ぎはじめる前に

裏すきについて

60-61ページの「和包丁の構造」の項でも解説したが、片刃の包丁は、裏側が鋼でできており、この鋼は完全な平面ではないことがほとんどである。峰と刃線、つまり包丁の輪郭まわりの鋼を残して中央部分は薄くすき取ってあり、包丁の断面は裏側が弧を描くように凹んでいる。凹んでいるということは、この部分を下にして平らな砥石にのせても砥石と接することがない、つまり研げない部分であるということ。このすき取られて凹んだ部分を裏すきと呼ぶ。逆に、砥石などの平面に包丁の裏側を下にして置いた時に、裏すき以外の外周

の部分は砥石に当たることになる。この裏の刃線側の鋼を裏刃、峰側の鋼を裏背とここでは呼ぶ。なお、裏刃と裏背がすべて均等に砥石に当たればよいのだが、刃の反りやねじれが原因で、必ずしもそうなるとは限らない。このため、包丁を研ぎはじめる前に砥石に裏面をのせて、かたつきが出ないか確認することが重要だ。裏刃の一部が砥石に当たらないことがあれば、切れ味の半分しか発揮できないことになる。微小なものであれば裏押しをすることで直せるが、いくら研いでも砥石に当たらない場合は、刃物屋に相談するのが得策だ。

裏すき 普段両刃の包丁しか扱わない人には伝わりづらい構造だが、片刃の包丁は基本的に、切刃が付いていない裏面に、ゆるやかな凹み（＝裏すき）がある。刃の裏側を上に向かせて寝かせ、定規を上にのせてみるとこの凹みから光がもれるのがわかる。凹みは中央部分のみで、刃線側と峰側はすき取られていない。この刃線側を裏刃、峰側を裏背とする。

研ぎはじめる前に

テーパーについて

　裏すきに加え、和包丁を扱ううえで把握しておきたいことがある。包丁を真上（峰側）から見た時に、刃元側から切っ先側に向かってテーパー（先細り）になっていることである。刃元側は刃が分厚く、切っ先側にいくにつれて段々と刃が薄くなっていくわけだ。研ぎはじめる前に、まずは研ごうとしている包丁がこのテーパー構造になっているかどうかを確認しよう。下の写真は、和包丁のこのテーパー構造をご理解いただくための模型である。ややデフォルメしているが、真上から見た時に刃元は太く（厚く）、切っ先側は細く（薄く）なっているのがわかるだろう。刃元と切っ先で刃の厚みが異なるのに、しのぎ線と刃線は平行であるということは、したがって切刃の角度も刃元側は鈍角、切っ先側は鋭角になっているということだ。これを無視して刃元側と切っ先側の切刃を同じ角度で研いでしまうと、切っ先側の刃先付近を多く削りすぎてしまい、切刃の幅が切っ先にいくにしたがい、徐々に狭まってしまう。このため、同じ角度で研がずに、テーパー構造に合わせて切刃の切っ先側は砥石に対して寝かせて研ぎ、刃元側はやや峰を起こして研ぐことを意識したい。

| テーパー構造

片刃の和包丁を模した模型。黒い部分が地金（軟鉄）を、茶色い部分が鋼を表している。真上から見ると先端にいくにしたがって先細りになっていることがわかる。峰を左側に向かって徐々に倒すと、刃先の鋼や切刃の幅の見え方が刃元側と切っ先側で異なることがわかる。この傾斜を理解したうえで研ぐ必要がある。

研ぎはじめる前に

1. 金属は生きもの

前提として、新品で買った包丁がすべて必ずしも良品で完璧である保証はない。この点を理解していないと、買った包丁が曲がっていることに気づかずに研いで「なぜか思うように研げない」と悩むことにもなりかねない。包丁の原料となる金属は、加工する際に生じた応力が原因で経年変化が起きる。特に片刃の合わせ包丁は硬さが異なる金属を貼り合わせており、さらに表裏非対称である

ことで歪みが生じる可能性が高い。このため、新品を購入する際や、研ぎはじめる前には必ず包丁が曲がっていないかを確認したい。また、直火で炙る、頻繁に熱湯をかける、といったことも避けるべきだろう。熱によって金属の形状が変わることは、ステンレス製のシンクに熱湯をかけた時の反応を見ればご理解いただけるはずだ。「金属は生きもの」だと常に意識しておくとよいだろう。

2. 片刃包丁は裏が命

片刃構造の包丁は、裏押しをしてできた裏刃が切れ味を左右するといっても過言ではない。片刃包丁の裏面、鋼が一部すき取られた部分（＝裏すき）は、切る時の抵抗を減らし、また簡単に研げるようにと考えられた構造だ。この構造が活きてくるのは、裏刃がきちんと研がれているという前提があってこそ。さらにいえば、裏刃は0.5mm以下の

ごく細い、「糸裏」とも呼ばれる状態が理想的である。無闇に裏を研いで裏刃の幅を広げてしまうと食材の抵抗が大きくなり、切れ味も落ちてしまうわけだ。ただ、これは裏刃に限った話ではないが、出刃包丁など硬いものを切る包丁の場合には、裏刃をやや広くしたほうが欠けにくくなるという利点もあるため、用途に応じて調整しよう。

3. 料理人の守備範囲は表面

2でも触れているように、片刃の包丁には裏面に裏すきという部分があり、これが切れ味を左右する命である。もちろん、自分で軽く裏押しをしてきれいに裏刃が付けば問題ないのだが、包丁を長年使い続けていると、裏押しをしすぎて裏刃が広がって切れ味が出なくなってしまうケースや、歪みなどが原因で裏刃がきちんと砥石に当たらなくなるケースなどが発生し得る。この場合は専用の機械を使って裏すきをつくり直さなければいけな

い。これらは「研ぎ」ではなく「修理」になるため、プロの料理人であっても守備範囲外だ。また、これと同じで刃が大きく欠けてしまった場合なども、荒砥で研いで直そうとするよりも、修理に出すほうが賢明だ。日々の研ぎは技術を磨くための研鑽として必須だが、「できること」と「できないこと」を理解し、プロを頼ることも大切。また、可能であればこうしたトラブルに備えて、同じ形の包丁を複数本持っておくとよいだろう。

包丁を研ぎはじめる前に、研ぐことの重要性や、研ぎの大まかなプロセス、包丁の構造などについて理解していただけたかと思う。ここではさらに、前提として知っておきたい豆知識をいくつかご紹介していきたい。これらを頭に入れておくことで、研ぎにおけるあらゆる疑問や悩みを解決しやすくなるはずだ。

4. 切れ味のゴールを設定する

包丁研ぎのゴールは、用途に見合った切れ味をつくることにある。どんな刃物も鋭利に、切れ味よく仕上げることは味や食感、食材の品質保持の観点からいえば理想であるが、調理の現場では必ずしも鋭利な刃先だけが歓迎されるわけではない。たとえば出刃包丁や骨すき包丁のように、硬い素材に刃が当たることが前提となる包丁に関しては、刃先を鋭利にしすぎると刃こぼれが起こりやすく

なる。結果、切れなくなり欠けを直す研ぎに時間を取られてしまっては本末転倒だ。また、他の包丁でも切れ味をよくしすぎたことで、普段使っている包丁との使い心地の違いが出すぎて、作業性が逆に悪くなるというパターンもある。自分の動きや用途に見合った切れ味がどの程度なのかを考える必要があるわけだ。切れ味を「よくしすぎない」ことも、研ぎの一つのゴールなのである。

5. カエリを理解する

研ぎにおける「カエリ」「刃ガエリ」「バリ」といった言葉はいずれも同じものを意味する言葉で、研いだ刃先の先に出てくる金属のめくれのことである。包丁を研いでいくと、刃先が削られて薄くなっていくが、薄くなってもさらに研ぎ続けると、研いだ面とは反対側に削れた金属が出てくる。これが出るとそのフェーズの研ぎは終わりという目

安になる。カエリはたくさん出せばいいかというとそうではない。余計にカエリをたくさん出していると、余分に刃を減らしていることになるため注意しよう。また、研ぎが仕上がりに近づくにつれて、研いで刃を削る量も減り、カエリも小さくなるため、そのことを念頭に置き、見落とさないようにしたい。

6. 研ぐと出てくる「泥」の使い方

包丁を研ぐと泥が出るが、研ぎのテクニックの一つとして、「砥石から出た泥は流してはいけない」と聞いたことがある方も多いだろう。砥石は基本的には研磨剤を固めてつくるもので、研ぎの最中に出る泥は、この研磨剤や削れた包丁の金属が混ざったものである。砥石本体の研磨力の他に、この泥の研磨力も利用しながら研ぐと、早く研ぎやすくなるため泥は流すべきでない、ということだ。しかしながら、泥をコントロールするのは至難の

業だ。たとえば泥の量が多くなれば、本来研ぐべきでない刃の凹みなども削れてしまうことになり、精密に刃先をつくることが難しくなる。そこで、砥石から出る泥を水で流しながら研ぐ「流水研ぎ」という方法もある。砥石の研磨力のみで研ぐため、精密に研ぎたい場合に向くやり方だ。早く削りたい場合は泥を使って研ぎ、仕上げに向かうにつれ流水研ぎに変えるというように、これらを組み合わせて研いでいくとよいだろう。

研ぎの基本

ここからは実践編として、包丁を研ぐ方法をプロセス写真付きで解説していきたい。とはいえ、実際に砥石を使って研ぎはじめる前に、まずは研ぎ場の環境や、研ぐ際の姿勢、そして研ぎはじめる前に確認すべき点などについて解説していく。

基本の姿勢

へその下に砥石がくるように設置し研ぎ台にはゆるやかな傾斜をつける

　流し台など、水の出るところで作業をするのがよい。ここでは砥石をのせるための専用の木板を用意し、手前側を向こう側よりも3cm程度高めになるよう傾斜をつけて流し台に渡している。この板に砥石をのせるわけだが、傾斜があることで指先に力が入りやすくなり、これが研ぎやすさにつながる。なお、木板の高さは個々の身長に応じて設定するとよいが、へその下あたりに砥石がくるようにしておくと、力が入れやすい。包丁は上から見た時に砥石に対して斜め45度になるようにのせ、研ぐ時に右手で柄を、左手の人指し指と中指で刃先の研ぎたい部分を押さえる。左指は刃に対して90度の直角を意識する。

カエリを確認

研ぎ終わりのサインは「カエリが出たら」。カエリは、砥石を変えるタイミングで取るのが基本だ。たとえば#1000、#3000、#6000と3つの砥石を使った場合、計3回取ることになる。カエリは、親指を使ってしのぎのあたりから刃先に向かって斜め下に指を下ろすようになでて確認する。金属片のめくれのようなものが指に感じられたらカエリが出ている証拠。仕上げ砥石に裏面をまっすぐにのせ、上下にわずかに動かしてこすり、取り除く。どの番手で出たカエリも、必ず仕上げ砥（この場合#6000）で取るのが鉄則だ。仮に目の粗い番手の砥石でカエリを取ると、せっかく仕上げ砥できれいに裏押しした裏刃が、また荒らされてしまうことになるためである。

歪みを確認

プロに相談

刃先の中央あたりから、切っ先に向かって明らかに左方向に曲がっているのがわかる。ここまで曲がっていれば自分で砥ぐべきでないのは当然だが、目で見て少しでも違和感を覚えたらプロに相談しよう。

刃先を上に向けて包丁の柄を持ち、腕から切っ先が一直線になるよう、照明のほうへかざして刃先を見る。この時、自分の目から見て刃先が一直線の紙のような線を描いていればまっすぐな刃である証。歪んで見えたら研ぐ必要があるが、あまりに大きく曲がっている場合は刃物屋に相談したほうがよい。

刃線を確認

プロに相談

きれいに研げている包丁（左）と、刃先の中央あたりだけが研ぎすぎてえぐれてしまっている包丁（右）。元は同じ包丁である。右を左の刃線に戻そうとすると、切っ先側を大きく研いでいく必要が生じ、かなり大掛かりな研ぎになるため、プロに任せるのが得策だ。

次に包丁をねかせるように刃先を横に向ける。この時手の高さは変えず、照明の光を照らして包丁の刃先を見る。刃元から切っ先に向かって流線型に細くなっているのが理想で、刃線が急に反り上がったり、真ん中あたりがえぐれていたりしないかをチェックする。刃線を見ることで、砥ぎ方や砥ぐべき箇所がわかるのだ。

研ぎの準備

砥石を用意する

　研ぎたい包丁とめざす仕上がりに応じて砥石を選ぶ。使い込んで摩耗した包丁の切れ味を復活させたいということであれば、基本的には中砥と仕上げ砥石があればよい。刃が大きく消耗し、大幅に刃の厚みを減らしたり、形を変えたりする必要がある場合は荒砥も用意しておこう。

水に浸ける

　ビトリファイド製法か、レジノイド製法でつくられた人造砥石は使いはじめる前に、5〜10分間水に浸ける。水に入れた瞬間は中から気泡が出てくるが、時間が経つと次第にこの気泡が出なくなる。これをサインに水から引き上げる。なお、使用頻度が高い場合は水に浸けたまま保管してもよいが、長期間使わない場合は水に浸けっぱなしにしない。特にマグネシア製法でつくられた砥石は、長時間水に浸けておくと溶けたり変質したりしてしまうことがあるため注意する。なお、天然砥石を使う場合は水に浸けない。層に水が入り込み、急激な温度変化があった場合に膨張して割れてしまう恐れもあるためだ。使う際に適量の水をかけながら研ぎ、使い終わったら水分をよくふき取って、保管する。

面直しをする

1 今回使ったのはダイヤモンド砥石。ダイヤモンド砥石にも荒目、中目、細目と目の細かさの違いがある。荒砥〜中砥を研ぐなら荒目を、中砥〜仕上げ砥を研ぐなら中目を、仕上げ砥や天然砥石には細目を使う。

2 砥石自体は、研ぎ慣れていない人は特に、包丁を研いだ時に黒い跡が残りやすい白などの淡い色のものを選ぶとよい。自分の研ぎの癖や、砥石の凹みなどが可視化できるためだ。

3 包丁によって黒ずんだ表面を元の白さに戻すイメージで面直しをする。

4 砥石に四隅が重なるようにダイヤモンド砥石をのせ、上下を往復するように何度かスライドさせて表面をこする。

5 一通り全面が砥石に当たったら、次に斜め左に45度ほどダイヤモンド砥石を傾け、同じように上下をスライドで往復させてこする。

6 この時必ず、一点のみに力が入らないように、手を広げて砥石全体を押さえ、力をまんべんなくかける。

7 今度は同様に、右にダイヤモンド砥石を傾け、上下をスライドで往復させてこする。

8 **3〜7**をくり返し、砥石の表面が白くなるまで続ける。なお、砥石が当たる部分と当たらない部分が出てしまうと凹凸ができてしまうため、全面に均一にダイヤモンド砥石を当て、まんべんなくこするように注意する。

9 研ぎ終わりは、表面が元の白さを取り戻しているのが理想。平面にととのった証だ。下掲の例のように、砥石が当たらない部分が出てしまうと、一部だけが凹んでしまうためNG。

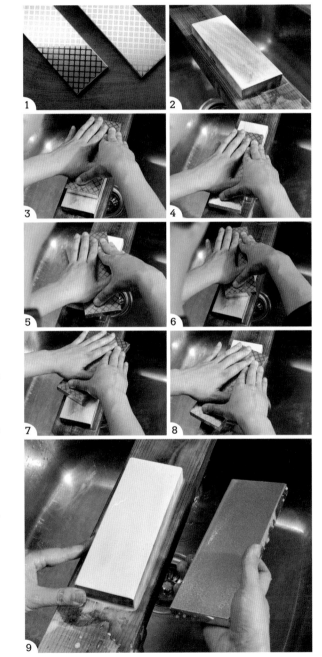

NG

柳刃包丁

基本的に、どんな包丁であっても研ぎの流れはほとんど同じで、使う砥石を平面にする面直しをした後、「形をつくって刃を付ける」という動きになる。形をつくるというのは、わずかな歪みを平らに正したり厚みを薄くしたり、切刃を均一な薄さにしたりすることで、刃を付けるというのは切刃の先に糸刃、ないし小刃を付けることだ。ここでは柳刃包丁を例に研ぎのプロセスを紹介していく。柳刃包丁は比較的研ぎやすい形といわれるが、刃渡りが長いため、切っ先からアゴまで同じように研げるよう、留意しながら作業したい。

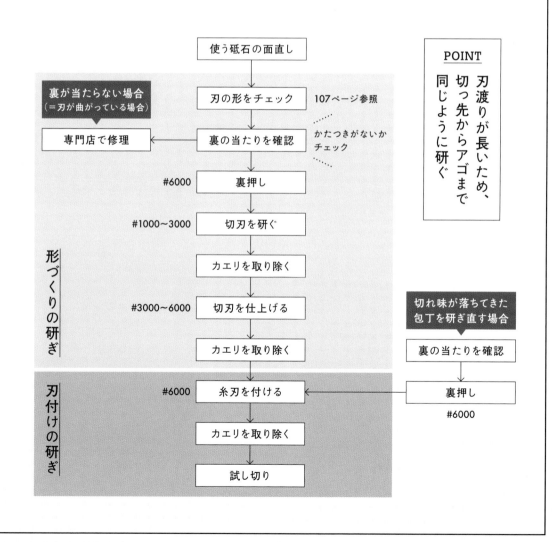

POINT
刃渡りが長いため、切っ先からアゴまで同じように研ぐ

使う砥石の面直し

刃の形をチェック　107ページ参照

裏が当たらない場合（＝刃が曲がっている場合）

専門店で修理　←　裏の当たりを確認　かたつきがないかチェック

#6000　裏押し

#1000〜3000　切刃を研ぐ

カエリを取り除く

#3000〜6000　切刃を仕上げる

カエリを取り除く

形づくりの研ぎ

切れ味が落ちてきた包丁を研ぎ直す場合

裏の当たりを確認

#6000　糸刃を付ける　←　裏押し　#6000

刃付けの研ぎ

カエリを取り除く

試し切り

和包丁を研ぐ ‖ 柳刃包丁

面直しをする　ダイヤモンド砥石

1　まず使う砥石の面直しをする。109ページの
　　要領でまっすぐ、斜め左、斜め右とダイヤモ
　　ンド砥石を使って研ぎ、全面をフラットな状
　　態にする。今回は包丁研ぎで#1000の中砥と
　　#3000、#6000の仕上げ砥を使うため、中目
　　と細目のダイヤモンド砥石を駆使して面直し
　　をした。

裏押しをする　#6000

2　仕上げ砥石を研ぎ台にのせ、包丁の裏面を下
　　にしてまっすぐにのせる。指で包丁全面を押
　　してみて、かたつきがないかを確認する。

3　もし大きなかたつきが生じていなければ、裏
　　押しをする。そのまま2〜3cm幅で細かく上
　　下させながら、砥石の右端から左端に向かっ
　　てスライドさせて研ぐ。裏刃の刃元から切っ
　　先まで研げたことを確認する。

切刃を研ぐ①　#1000

4　面直しを終えた#1000の砥石で切刃を研い
　　で形をつくっていく。研ぎたいのは切刃なの
　　で、包丁はねかせて切刃が砥石ぴったりと
　　くっ付くようにのせる（平から上は必然的に少し
　　浮く）。刃渡りが長いため、砥石に対して斜め
　　に刃をのせる。

5　左手の人差し指と中指で刃先をしっかり押さ
　　え、切っ先から刃元まで、順に研いでいく。
　　早く削りたい場合は水を出さないか少なめに
　　流す程度とし、じっくり精密に研ぎたい場合
　　は流水研ぎをする。

6　砥石を変えて次の研ぎにいく前に、水で泥を
　　流しながら研ぐことで、砥石に当たっていな
　　い箇所がなかったかを確認する。刃先からカ
　　エリが出たら取り除いて研ぎ終わる。切刃の
　　しのぎから刃先にかけて、全体的にムラなく
　　研げていることを確認する。

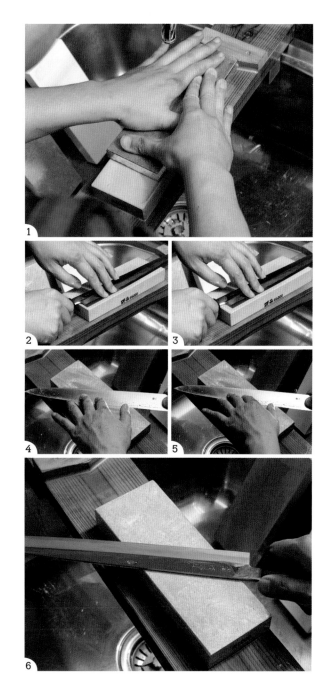

切刃を研ぐ② #3000

7 #3000の仕上げ砥石に変え、さらに切刃を研いで形づくりを仕上げていく。基本的に#1000の研ぎと動きは同じだが、#1000と比べて砥石の目が細かくなったことで、砥石の研削力は下がるため、その点を留意する。

8 左手の2本指で刃先を押さえながら、砥石の手前側と奥側を行き来する。

9 なお、前の#1000で研いだ際切刃に付いた傷やくもりが消えない場合は、そこが凹んでしまっているというサイン。この時、くもりがある部分を研いでしまうとさらに削れてしまうため、くもりのない周囲を研ぎ減らして均一な厚みに近づけていく。

10 刃先の刃元から切っ先までカエリが出たら、取り除いて研ぎ終わる。

切刃を仕上げる #6000

11 #6000の仕上げ砥に変え、さらに切刃を研いで仕上げる。#1000と#3000の研ぎで形づくりはほぼ終えているが、この#6000でさらに精度を上げ、ムラなくきれいに磨いて食材への抵抗を減らす。

12 刃の角度や傾け方は一定に保ち、砥石全体を使うように大きくストロークさせる。

13 研いだ箇所は鋼がつややかに光る。光らない部分があれば、凹んでしまっている可能性があるため、全体をよく確認する。切刃が均一につややかに光り、カエリが出たら研ぎ終わり。次は総仕上げ、糸刃付けに移る。

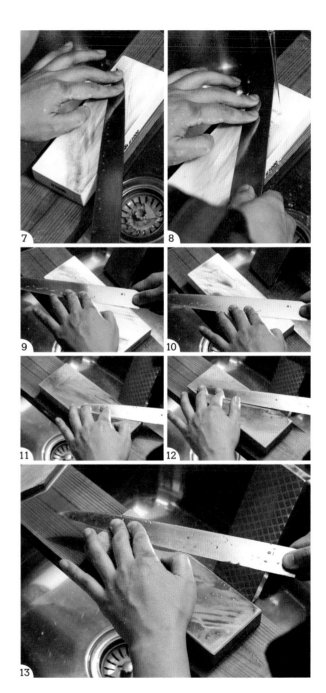

糸刃を付ける

#6000

14　ここからは刃付けに入る。形づくりの研ぎを
する前に面直しをしたが、今一度面直しをし
て作業をはじめる。

15　刃付けの目的は、切刃の先に、糸刃と呼ばれ
る幅の狭い二段刃を付けることにある。これ
は、切刃の角度よりもやや鈍角の刃を付ける
ことによって切れ味をよくし、刃こぼれを防
ぐ狙いがある。このため、研ぐ時の包丁の砥
石に対する角度も異なる。峰をやや起こし、
砥石から30〜45度の角度を目安にする。

16　糸刃を付ける際は、切刃をつくる時のように
上下に何度もこすらず、1ストロークで砥石
をなぞって一直線の刃を付ける。ここで上下
に行き来してしまうと、刃先が砥石に食い込
んで刃がつぶれたり、そのはずみで怪我をし
たりする恐れがある。まずは切っ先の刃先あ
たりを2本指で押さえて砥石の手前側から差
し入れる。

17　砥石に対しての角度は30〜45度を保ちなが
ら、徐々に砥石の上を奥に向かってすべらせ
ていく。なお、精密な研ぎが求められるため、
水を流しながらの研ぎが望ましい。

18　刃の動きに合わせて左手の2本指も、押さえ
る位置を徐々にずらしていく（切っ先から刃元
へ向かって）。16〜18の動きを途中でつっか
えずに1ストロークで終えることが理想。難
しければ切っ先、中ほど、刃元と分けて研い
でもよい。終えたら刃先のカエリをチェック
する。

19　裏面のカエリを取り除いて研ぎ終わり。この
糸刃を付けてカエリを取る動きを2〜3回く
り返して欠けにくい刃先にする。目視では確
認しづらいが、切刃の先に1本の細い白い線
が光るようになったら、無事に刃が付いたサ
イン。

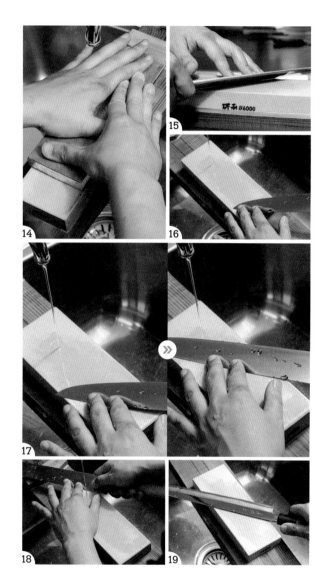

出刃包丁

出刃包丁に至っては、ほとんど柳刃包丁の研ぎ方と同じで問題ない。そのため、誌面上では形づくりの研ぎは割愛し、切刃を研いでととのえた後、小刃を付ける流れを紹介する。なお、糸刃と小刃は同じ意味だが、刃の幅が狭いものを糸刃、広いものを小刃と呼ぶことが多い。柳刃包丁は糸刃、出刃包丁は小刃としたのは、前者と後者で用途が異なるためである。柳刃包丁は刺身にするために切り口の繊細さや美しさが求められるが、後者は骨など硬い部分にも刃が当たり、欠けやすいために刃の幅を広くしたいという狙いがある。

POINT

柳刃包丁の研ぎがベース。そこに刃先の欠けやすさを考慮する

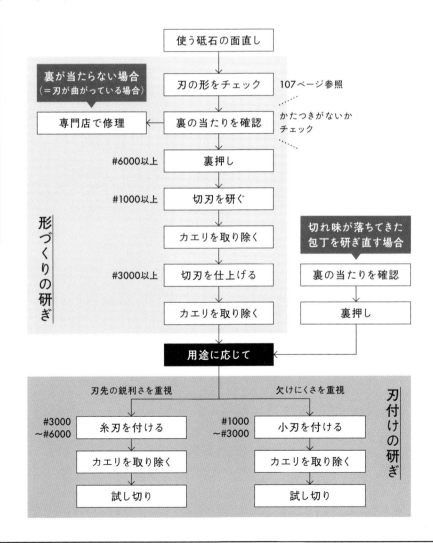

使う砥石の面直し

裏が当たらない場合
（＝刃が曲がっている場合）

刃の形をチェック　107ページ参照

専門店で修理 ← 裏の当たりを確認　かたつきがないかチェック

#6000以上　裏押し

#1000以上　切刃を研ぐ

カエリを取り除く

#3000以上　切刃を仕上げる

カエリを取り除く

形づくりの研ぎ

切れ味が落ちてきた包丁を研ぎ直す場合

裏の当たりを確認

裏押し

用途に応じて

刃先の鋭利さを重視

#3000〜#6000　糸刃を付ける

カエリを取り除く

試し切り

欠けにくさを重視

#1000〜#3000　小刃を付ける

カエリを取り除く

試し切り

刃付けの研ぎ

和包丁を研ぐ ‖ 出刃包丁

切刃を研ぐ `#6000`

1　出刃包丁の研ぎ方も、基本的には柳刃包丁と同じ。まず裏の当たりを確認し、必要であれば裏押しをして切刃を研ぐ。今回使ったのは#6000。特に脂のまわった魚を切る際など、切刃を仕上げ砥で研ぐことで、食材との抵抗が起きにくくなるという側面がある。今回はその一例を示すべく、あえて高番手の砥石を使った。

2　左手の2本指で刃を押さえるが、この時研ぐところに応じて切っ先から刃元へと押さえるところを徐々にずらしていく。なお、柳刃包丁同様、テーパー構造を意識し、押さえる位置は、切っ先はしのぎ線の裏あたりから、刃元に向かって刃先近くまで徐々に下げていく。

3　カエリが出たら取り除いて研ぎ終わり。次に刃を付ける。

小刃を付ける `#3000`

4　出刃包丁における刃は柳刃包丁の糸刃よりも幅が広いことが望ましく、これを小刃といって呼び分けることがある。出刃包丁は骨などの硬いものに刃が当たることも多く、欠けやすいためである。

5　砥石に対して30〜45度峰を起こし、切っ先側から砥石の手前側に差し入れ、奥に向かってスライドさせる。やることは柳刃包丁の糸刃付けと変わらないが、小刃の場合は目の粗い砥石を使うか、あるいは同じ番手の砥石でも、複数回研ぐことで、刃の幅を広げる。ここでは#3000の砥石を使って小刃を付けたが、作業効率や研いだ後の切った食材を見て、適切な番手の砥石を選ぶようにしたい。

6　砥石全面を使って1ストロークで切っ先から刃元側までなぞるようにして刃を付ける。この時包丁が動くのと同時に、左手の2本指の位置も徐々に切っ先から刃元側に移動させていく。カエリが出たら取り除いて研ぎ終わる。

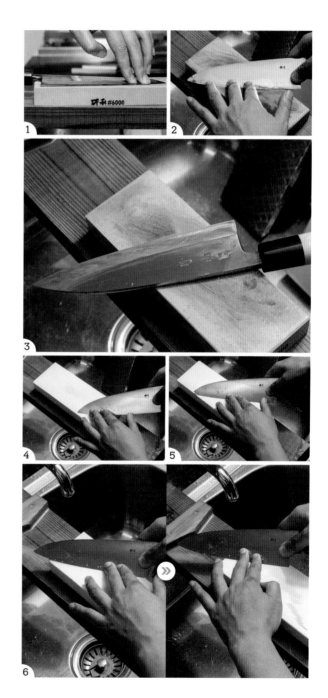

薄刃包丁

薄刃包丁も、形をつくって刃を付けるという流れは柳刃包丁や出刃包丁と変わらない。ただし、全体の幅が広いため、よりテーパー（先細り）構造が如実に出てくる。このため、刃元側の切刃を切っ先側と同じ角度で砥石に当ててしまうと、切刃が正しく砥石に当たらず、刃元側のしのぎが上がってしまうということが起きる。そこで切刃を研ぐ際には、切っ先側と刃元側で、左手で押さえる位置を変えながら研いでいく必要がある。なお、誌面では切刃を#1000で研いでいるが、#3000や#6000などで研いで仕上げてもよい。

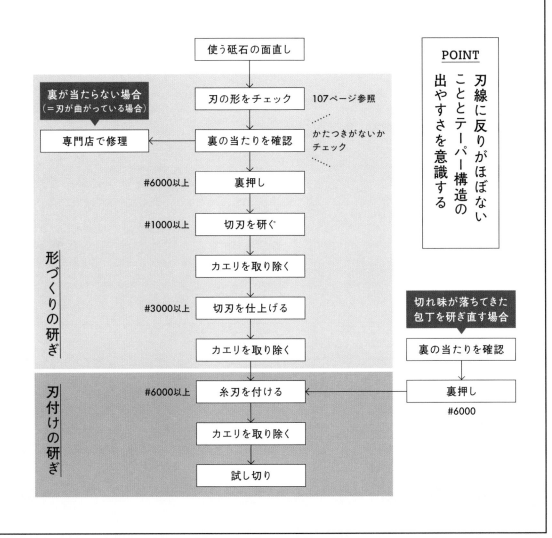

	使う砥石の面直し
裏が当たらない場合（＝刃が曲がっている場合）	刃の形をチェック（107ページ参照 かたつきがないかチェック）
専門店で修理 ←	裏の当たりを確認
#6000以上	裏押し
#1000以上	切刃を研ぐ
	カエリを取り除く
#3000以上	切刃を仕上げる
	カエリを取り除く

形づくりの研ぎ

刃付けの研ぎ

#6000以上	糸刃を付ける ←	裏押し #6000
	カエリを取り除く	裏の当たりを確認
	試し切り	切れ味が落ちてきた包丁を研ぎ直す場合

POINT

刃線に反りがほぼないこととテーパー構造の出やすさを意識する

裏押しをする ｜ #6000

1 裏の当たりを確認する。砥石に包丁の裏面を下にして重ね、かたつきがないか指で押して確認する。大きなかたつきがなければ仕上げ砥石で裏押しをする。

2 左手の2本指で切刃を押さえ、2〜3cm幅で細かく上下させながら、砥石の右端から左端に向かってジグザグに進むイメージ。砥石の一部分だけを使わないよう注意する。

切刃を研ぐ ｜ #1000

3 薄刃包丁は刃線に反りがほとんどなく、砥石に当たりやすいため、砥石に凹凸があるとそこに刃が当たって意図せず欠けたり研ぎ減らしてしまったりすることが起きやすい。このため特に、面直しを高頻度でやるとよい。切刃を切っ先から刃元に向かって研いでいく。#1000の中砥を使用。切っ先のしのぎ線あたりを左手の2本指で押さえて砥ぐ。ここで刃線付近を押さえてしまうと切っ先の切刃全体を研ぐことができなくなるため注意する。

4 切っ先から中央へ徐々にずらしながら研いでいく。左の2本指は中央を研ぐ時は中央を押さえるが、この時にテーパー構造を意識して、指の高さも徐々に刃先近く（切刃の中央くらい）に下ろしていく。

5 刃元側を研ぐ際は刃先近くを押さえて研ぐ。ちなみに、砥石は切っ先を研ぐ際は手前側を、中央部分を研ぐ際は砥石の真ん中あたりを、刃元を研ぐ際は奥側を使うと、テーパーに応じた手の動かし方がしやすい。

6 カエリが出たら、取り除いて研ぎ終わり。裏に付いた左手の2本指の押さえ跡を見ると、テーパー構造をふまえてしのぎのあたりから刃先に向かって徐々に斜め下に下りていることがわかる。なお、この後に#3000と#6000で切刃の仕上げをかけていくが、他の包丁と動きは同じであるためここでは割愛する。

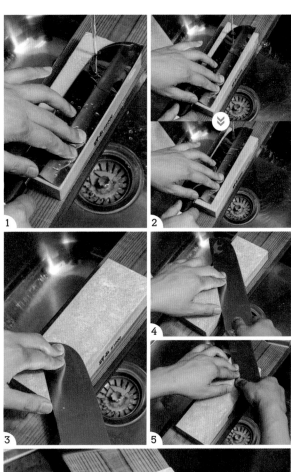

糸刃を付ける | #6000

7 切刃が研げたら、#6000の仕上げ砥を使って糸刃を付ける。砥石に対して30〜45度の角度で包丁を置き、左手の2本指で刃を押さえる。

8 切っ先を砥石の手前側から差し入れ、奥に向かって砥石の上をすべらせていく。

9 切っ先から中央、中央から刃元側へと研ぐ部分を徐々にずらしていくが、この時同時に左手の2本指で押さえる箇所も徐々に切っ先から刃元側へと移動させていく。

10 柳刃包丁や薄刃包丁のように薄く繊細な刃を付けたい時は、精密で慎重な刃付けが望ましい。このため、糸刃付けにおいては水を流して泥を払いながら研ぐとよい。

11 砥石の全面を使って、刃を付ける。切っ先に刃を付ける際は砥石の手前側を、刃元に刃を付ける際は砥石の奥側を使うことを意識すると手を動かしやすい。

12 基本的には1ストロークか2ストロークで刃が付く。刃付けの際は、砥石の上を刃が行ったり来たり往復させないように気をつける（砥石を削ってしまい刃がつぶれるのを防ぐため）。

13 指の腹で刃先を触り、ざらつきがあればカエリが出ている証拠。カエリが出たら取り除いて研ぎ終わり。

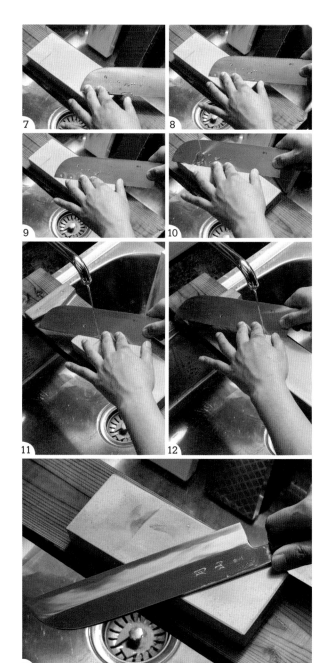

牛刀

牛刀に代表される洋包丁の研ぎも、「形をつくって刃を付ける」という点で
は和包丁と同じである。ただ、和包丁と違って両刃構造であるため、表と裏、
両面を同じように研がなくてはいけない。砥石に関しても比較的ステンレス
鋼と相性のよい製法の砥石などはあるが（マグネシア製法）、和包丁で使う砥
石と同じで問題はない。なお、ステンレス鋼製の包丁は砥石の食いつきがよ
くなく、ハガネ製の包丁と比べると「研ぎにくい」といわれることが多い。
このため、形づくりの研ぎを終えるまで時間を要することもしばしばだ。

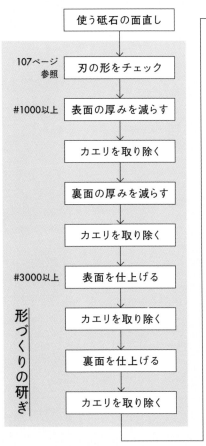

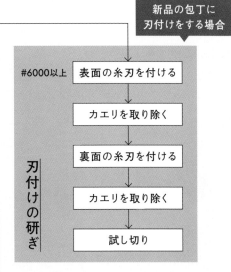

新品の包丁に
刃付けをする場合

使う砥石の面直し

107ページ
参照
刃の形をチェック

#1000以上　表面の厚みを減らす

カエリを取り除く

裏面の厚みを減らす

カエリを取り除く

#3000以上　表面を仕上げる

カエリを取り除く

裏面を仕上げる

カエリを取り除く

形づくりの研ぎ

#6000以上　表面の糸刃を付ける

カエリを取り除く

裏面の糸刃を付ける

カエリを取り除く

試し切り

刃付けの研ぎ

POINT

和包丁とベースは同じだが、
糸刃を付ける角度は
片刃と両刃で異なる

洋包丁を研ぐ ‖ 牛刀

洋包丁に関しては、牛刀とペティナイフの研ぎ方はほとんど同じと考えて問題ない。ここでは代表例として牛刀を研いでいく。洋包丁を研ぐ際のパターンとしては2つあり、1つは「新品の包丁に糸刃を付ける」パターン（左）。もう1つは「使い込んですり減った包丁を研いで糸刃を付ける」パターン（右）。後者は前者の刃付けのプロセスを内含しているため、今回は後者のパターンを紹介する。

厚みを減らす　#1000

1　使い込んですり減った、上掲の写真右の牛刀を、左の新品の形に近づける研ぎを紹介する。まずは#1000の中砥を使って研いでいく。右手で柄をしっかり押さえ、左手の人差し指と中指で刃先を押さえて砥石の上を往復させて研ぐ。精密より、スピードを求める場合は水を流さずに砥いでもよいが、刃先の状態を確認しながら砥ぎたい場合は流水研ぎがよい。

2　洋包丁は切刃のラインがないことが多いため、刃先のみ研いで終わる人が多い。しかし、基本的には和包丁と同じように、厚みを取る研ぎをして切刃のような鋭角な面を刃につくらなければ、切れ味はよくならないため、刃の形づくりをする必要がある。和包丁における切刃に当たる部分を、切っ先から刃元側まで研いでいく。カエリが出たら取り除く。

3　次に左手に柄を持ち替えて裏面も研ぐ。

4　1〜2と同じ動きで裏面を研いでいく。

5　なお、裏面を研ぐ時は4のように左手で柄を持って研ぐ方法と、包丁の柄の位置は変えずに右手で握ったまま、刃先を向こうに向けて研ぐ方法とがある。後者は、必ず刃と砥石の向きがまっすぐ平行になるように注意する。

6　切っ先から刃元まで、両面とも均一に研ぐことができたら、カエリが出ているか確認し、取り除く。

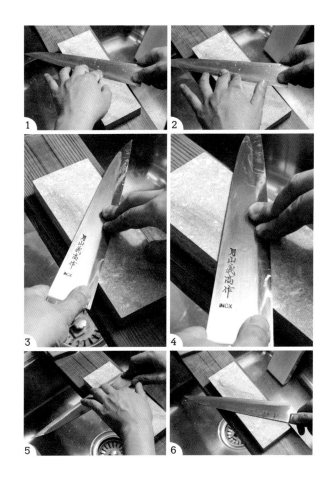

研磨する | #3000 | #6000

7 次に砥石を#3000に変えて#1000で付いた
　傷をなくしていく。和包丁でいうと、ある程
　度形をつくった切刃をさらに研いで仕上げて
　いくフェーズ。

8 研ぎ方は和包丁と変わらず、切っ先側から刃
　元側まで砥石に#1000でつくった切刃に当
　たる部分をぴったり付けて、上下に往復させ
　ていく。

9 なお、両刃包丁も片刃包丁と同じく、テー
　パー構造のあるものがあり、これらは刃元か
　ら切っ先にいくにしたがって刃は先細りして
　いる。この場合は和包丁と同様に、切っ先と
　刃元側で研ぐ際の角度を変えて、切っ先は鋭
　角に、刃元側は鈍角に研ぐよう気をつけたい。

10 両面同じように研いで、カエリが出たら取り
　除いて研ぎ終わる。

11 次に#6000に砥石を変え、7〜10と同じ流
　れで研いでいき、#3000で付いた傷を消して
　表面をさらに研磨する。

糸刃を付ける | #6000

12 糸刃を付ける。これも基本的には和包丁と変
　わらないが、洋包丁の場合両面に刃付けをす
　る必要がある。まず表面に刃を付けるが、こ
　の時注意したいのは、包丁を和包丁の時より
　もやや寝かせ、砥石から15度ぐらいを意識
　する。これは両刃に同じ刃が付くためである。
　和包丁が片刃で30度とすると、洋包丁は表
　裏15度ずつで合計30度をめざすイメージだ。

13 裏側に刃付けをする際は、柄は右手で持った
　まま、刃を向こう側に向ける。砥石の奥から
　手前に一直線に引いて1ストロークで刃を付
　ける。この時、5と同様に、刃先と砥石の向
　きがまっすぐ平行になるように注意する。

14 切っ先、中央部分、刃元と均一に刃が付くよ
　う位置を変えて研ぐ。カエリが出たら取り除
　いて研ぎ終わる。

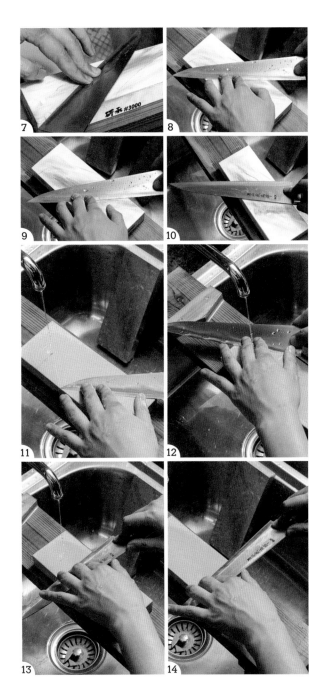

骨すき包丁

洋包丁の中ではめずらしい、片刃構造をしている骨すき包丁。片刃といっても和包丁と違って裏すきがなく、裏押しをする必要はないうえ、刃先だけは両刃構造をしており、裏面は平らな面の先に糸刃、もしくは小刃が付く形となる。この構造を理解したうえで、表面の厚みを減らして（和包丁でいうところの切刃部分）、形ができたら表と裏ともに刃を付けるという流れだ。なお、骨すきは肉の掃除などに使うため、その名称通り、骨に接することも多い。したがって、右ページでは糸刃ではなく小刃としている。

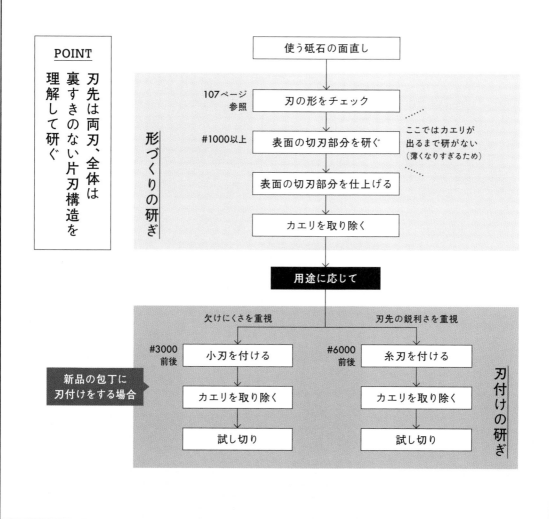

POINT

刃先は両刃、全体は裏すきのない片刃構造を理解して研ぐ

形づくりの研ぎ

使う砥石の面直し

107ページ参照 → 刃の形をチェック

#1000以上 → 表面の切刃部分を研ぐ
ここではカエリが出るまで研がない（薄くなりすぎるため）

表面の切刃部分を仕上げる

カエリを取り除く

用途に応じて

刃付けの研ぎ

欠けにくさを重視　　　　　　刃先の鋭利さを重視

#3000前後 → 小刃を付ける　　　#6000前後 → 糸刃を付ける

新品の包丁に刃付けをする場合

カエリを取り除く　　　　　　カエリを取り除く

試し切り　　　　　　　　　　試し切り

骨すき包丁

小刃を研ぐ #3000

1 今回は新品の刃付けの流れとして、表に小刃を付け、裏に糸刃を付ける手順を紹介するが、もし使い込んだ骨すき包丁を研ぎ直す際は、表の切刃に当たる部分を研いでつくり、その後刃を付けるという流れになる。通常、骨すきのような包丁は使い込むにつれどんどん小刃の幅が広がり、刃に厚みが出てくる。切刃をつくる際のゴールは、この小刃の幅を狭め、刃の厚みを減らすことにある。なお、このフェーズではカエリが出るまで薄く研ぐと、欠けやすくなるため注意する。

2 #3000の砥石を使い、砥石から20〜35度ほど峰を起こして小刃を付ける。砥石全体を使って手前側から奥に向かって包丁をスライドさせて、切っ先から刃元までを均一に研ぐ。

3 小刃が付いたら、柄を右手で持ったまま包丁の刃先を奥に向けて持ち替える。この時、砥石に対して包丁を5〜10度の角度で構える。

4 砥石の奥から手前側に一直線にスライドさせてカエリを取る。これによってカエリを取るのと同時に裏面に糸刃を付ける。砥石の奥側では刃元が、手前側まで下ろしたら切っ先が砥石に当たるように動かす。

カエリを取る

5 #3000以下の番手の砥石で仕上げた際に、新聞紙を使ってカエリを取る方法もある（高番手の砥石に対して新聞紙を使わないのは、新聞紙の表面のほうが仕上げ砥の表面よりも目が粗い場合があるためである）。特にステンレス鋼製の包丁は砥石でカエリを取りにくいことも多く、有効だ。

6 新聞紙を広げて研いだ包丁の表面を下に向けてのせ、小刃を仕上げた角度と同じ角度で新聞紙の上をなでる。

7 次に裏面を下に向け、今度は裏の糸刃と同じ角度で新聞紙の上をなでてカエリを取る。取りにくい場合はこの動きをくり返す。

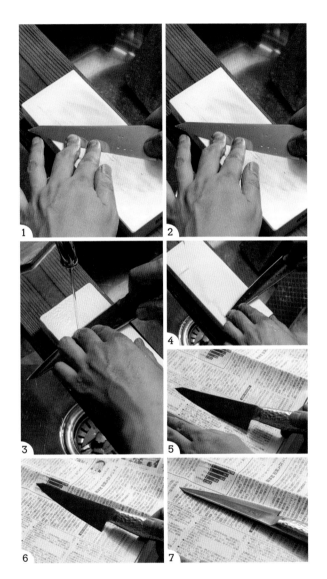

中華包丁

中華包丁の研ぎの難しさは、その刃の幅の広さと大きさにある。切っ先のほうからアゴのほうまで、切刃を均一に研いでいけるかが肝だ。もちろん、研ぎのフローとしては形をつくって刃を付けるという流れは和包丁や洋包丁のそれと変わらない。ただし、中華包丁は両刃構造をしているため、牛刀と同様に、切刃の研ぎも、刃付けも表裏同じ角度で行なう必要がある。なお、中華包丁に関しては刃線が弓なりの弧を描くように研ぎたい、という人も多いだろう。この場合は、切っ先とアゴの角2点を中心に研ぐとよい。

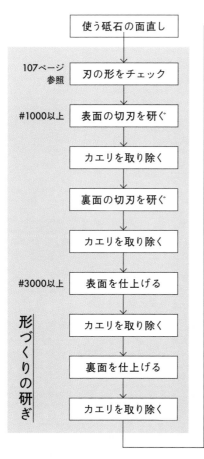

形づくりの研ぎ

使う砥石の面直し

107ページ参照 → 刃の形をチェック

#1000以上 → 表面の切刃を研ぐ

カエリを取り除く

裏面の切刃を研ぐ

カエリを取り除く

#3000以上 → 表面を仕上げる

カエリを取り除く

裏面を仕上げる

カエリを取り除く

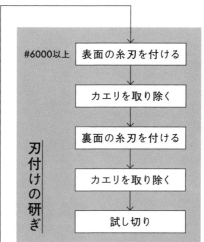

刃付けの研ぎ

#6000以上 → 表面の糸刃を付ける

カエリを取り除く

裏面の糸刃を付ける

カエリを取り除く

試し切り

> **POINT**
>
> 刃先をまっすぐ仕上げるか、丸く仕上げるかによって研ぎ方を変える

中華包丁

切刃を研ぐ　#1000

1 #1000の砥石を使って切刃を研ぐ。中華包丁は大きいため、手ブレしないように持ち、砥石全体を使って強くストロークさせることを意識する。

2 中華包丁は2種類の研ぎ方がある。一つ目は牛刀などと同じように、刃を手前に向けて研ぐ方法で、左手の2本指で研ぎたい箇所を押さえ、スライドさせる。これをくり返しながら、切っ先から刃元側まで均一に研いでいく。裏面も同様だ。

3 もう一つは柄を左手で持ち、刃を向こう側に向けて研ぐ方法だ。中華包丁は、刃先を弧を描くように丸い輪郭に仕上げたい人も多く、その場合はこちらの方法で研ぐ。刃線が砥石と平行になるように当て、右手の2本指で研ぎたいところを押さえて手前側と奥側を行き来するようストロークさせていく。

4 切っ先から刃元まで、左右に動かしながら切刃を研いでいく。

5 刃元に丸みをつけたい場合、表側は右手の2本指と左手の人差し指で刃元を押さえ、裏側は左手の2本指と右手の人差し指で角を押さえる。たくさん研ぎ減らせば刃元の反りは強くなるが、この反りが強すぎるとまな板に当たらず、食材の切り離れが悪くなる可能性もあるため、常に刃線を見て研ぐことが大切だ。

6 カエリが出たら取り除いて研ぎ終わり。

切刃を研ぐ　#3000　#6000

7 次に砥石を#3000に変えて、切刃を仕上げる。研ぎ方は1〜4までと同様。表と裏、切っ先から刃元まで均一に切刃を研いでいく。

8 カエリが出たら取り除いて研ぎ終わり。

9 砥石を#6000の仕上げ砥に変えて、切刃をさらに仕上げる。研ぎ方は1〜4までと同様。表と裏、切っ先から刃元まで均一に切刃を研いでいく。

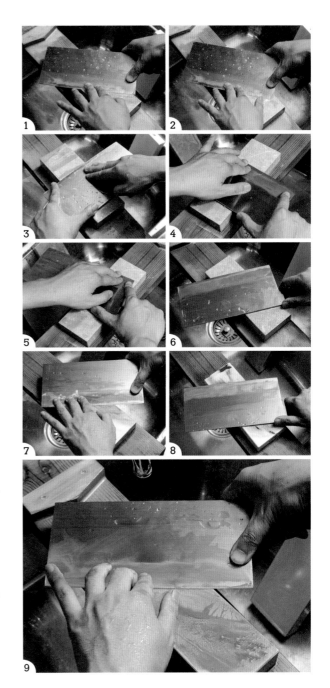

糸刃を付ける　#6000

10　#6000で糸刃を付ける。砥石に対して包丁の峰側を15〜20度ほど起こして構え、この角度で刃を付けていく。なお、この角度は両刃に同じ刃が付くためである。和包丁が片刃で30度とすると、中華包丁は表裏15度ずつで合計30度をめざすイメージだ。

11　砥石の手前側に、包丁の切っ先から差し入れて奥に向かって1ストロークで刃を付ける。

12　この時、包丁の角度は変えずに、徐々に切っ先から中央部分、中央部分から刃元側へと砥石に当てる部分を変えて、それに伴い左手の2本指で押さえる箇所も変えていく。

13　他の刃付けと同様、1ストロークで切っ先から刃元まで一直線の刃を付けたいが、他の包丁に比べて大きいため、アゴまで研ぎ切れるように注意する。

14　裏面にも糸刃を付ける。右手で柄を持ったまま、刃を向こう側に向けて、刃が砥石と平行になるように構える。アゴ側が砥石の中に収まるような位置にのせる。

15　そのまま斜め右手前側に向かって包丁を下ろしていく。この時、刃線の角度は変えずに砥石と平行の向きを保ちながら、刃元側から切っ先側に向かって砥石に当たる部分を変えていく。同時に左手2本指で押さえる箇所もずらしていく。

16　なお、左手で柄を持って斜めに構えて裏面を研ぐ方法もあるが、この研ぎ方で刃付けをすると欠けやすくなるためすすめない。

17　カエリが出たら取り除いて研ぎ終わり。

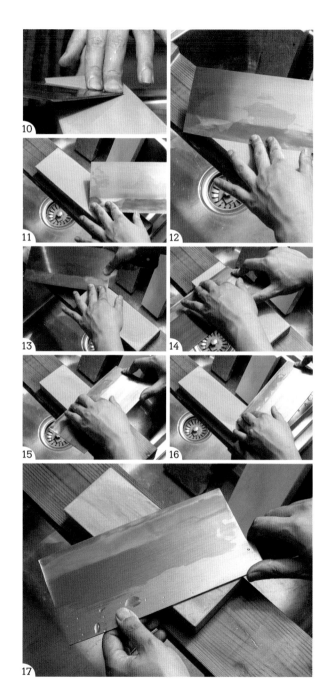

試し切り

包丁を研いで形が仕上がり、刃付けができたら、その仕上がり具合を確かめるフェーズだ。まずは新聞紙を使って試し切りをするのが基本的なやり方だが、食材で試してみるのがベストだろう。

新聞紙で試す

　新聞紙を1枚用意し、適当な大きさに切る。利き手でないほうの手で新聞紙を持ち、利き手で包丁の柄を握る。刃先を新聞紙に斜め45度の角度で当てて、力を入れずにそのまままっすぐ刃を下ろす。この時、刃元側から新聞紙に当てはじめ、切っ先近くで切り終えることを意識すると、切っ先から刃元側まで広い範囲の切れ味を確認できる。途中で引っかかるような感触があれば、刃が欠けてしまっているか、カエリがうまく取れていない可能性がある。前者の場合小さい欠けなら放っておいてもよいが、気になるようであれば欠けていない部分を研ぎ減らしてもよい。後者はカエリを取り除く際、砥石がうまく当っていない可能性があるため、再度裏に砥石を当ててみよう。

食材で試す

　包丁を研ぐ目的は、食材を適切に切っておいしく仕上げることにある。新聞紙相手にシャープな切れ味を誇っていても、肝心の食材が切れなくては意味がない。このため、新聞紙で試し切りをして問題がないと判断できたら、食材で試し切りをして、実際に切った食材を試食してみることをすすめる。普段使っている食材の端などを、普段通りのやり方で切り、これを実際に食べて確認する。切った時に食材の抵抗や刃の引っかかりを強く感じたり、切ったそばから水分がにじんだり、食べるとえぐみや苦味のようなものが際立って感じられたりといった普段と異なる印象があれば、うまく研げていない可能性もある。

包丁の日々のケア

洗浄

錆びや腐食を避けるべく、中性洗剤を使って手洗いする

包丁、特にハガネ製のものに関しては、非常に錆びやすく、食材に含まれる塩分や酸が錆びの一因となるため、食材を切ったらすぐに洗うことが重要だ。この時、中性洗剤を使って、刃と柄、いずれもしっかりと洗う。洗い流す際は比較的高温の湯をかけるとその熱で水分が蒸発して速乾性が高まるため衛生的だ。64ページでも触れたが、

食器洗浄機や乾燥機の使用は避けたい。通常よりも錆びが発生しやすくなるリスクに加え、他の食器やカゴとぶつかって刃が欠けたり、柄が傷んだりする恐れがあるためだ。加えて、ステンレス鋼製包丁には使用可能と考えられている漂白剤も、錆びや柄の傷みを避けるという観点から、使わないほうが得策だ。

乾燥

水気の多い場所は大敵。洗ったらすぐにふいて乾燥させる

ハガネ製包丁はもちろん、錆びに強いとされるステンレス鋼製包丁も、いずれも鋼鉄を主成分としたもので、決して「錆びない」わけではない。したがって錆びを引き起こす水分は大敵となる。洗い終わった包丁は、すぐに乾いた布でしっかりと水分をふき取って乾燥させる。「洗浄」の項でも触れたように、洗浄後、湯をかけることは熱に

よって水分が飛びやすくなり、速乾性が高まる。なお、洗浄後、水切りカゴに長時間入れっぱなしにしておくことも避けたい。カゴや他の食器に当たることによる刃こぼれが発生する可能性があること、また水気の多い場所であるため錆びやすくなることが理由だ。なお、熱が水気を飛ばすからといって直火で刃を炙ることは厳禁である。

包丁は非常にデリケートな道具だ。そして、本職用ともなれば容易に買い替えができるほど安価というわけにもいかないだろう。これを正しく研いで育てていても、日々のケアを怠っていれば途端に錆びたり反ったり、思わぬ不調を引き起こす可能性がある。日頃、どんなことに気をつけて包丁をケアするべきか、ここで再認識しておきたい。

耐火性

切れ味を損なう可能性の高い火。熱湯以上の温度帯には近づけない

　包丁、もとい包丁を構成する鉄は高い温度帯に弱い。早く水分を飛ばすために湯をかけることは問題ないが、直火であぶるのはよくない。これは温度帯の問題で、前者は100℃以上になることはないが、ガスの直火は1000℃を超え、局所的には2000℃近い温度帯の部分もある。この火であ

ぶってしまうと、包丁の焼きが戻ってしまい、硬さがなくなり切れ味に致命的な打撃を与えることになる。この温度の閾値は鋼材や製法によって異なるが、いずれにしても熱湯以上の温度帯のところには近づけないようにしたい。ケーキのようにクリームを使った品は、包丁を温めてから切ることが多いだろうが、この時も決して直火であぶらず、熱湯にさっとくぐらせる程度に留めたい。

保管

水気のない屋内での保管が鉄則。ハガネ製はさらなるケアが必要

　ステンレス鋼製の包丁は、基本的には屋内の風通しのよい場所で保管すれば錆びの心配はそこまでない。しかし、ハガネ製包丁の場合はさらなるケアが必要だ。使用後は、乾燥させた後、椿油などの酸化に強い油を表面に薄くぬり、乾いた布ですり込むと錆びを防ぐことができる。特に家庭用で多いのが、シンクの下の包丁差しで保管する

ケースだが、シンクの下は湿気が多く、適切な保管場所とはいえない。購入時の箱にそのつど収めるのが理想的ではあるが、難しい場合は風通しのよい保管場所を探しておこう。また、長期間使わずに保管する際などは、油を薄くぬった刃を新聞紙で巻いておくと安心だ。ここで新聞紙を使うのは、刃を外気から守りつつ、通気性のあるものでカバーしておきたいためだ。

砥石の日々のケア

面直し

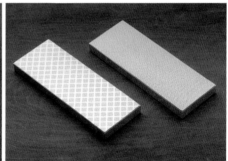

砥石でもっとも重要なケアは面直し。
常に平面を保つよう砥石も研ぐ

　ここまで読んでいただいた読者の方には、砥石の表面を平らに保つことが砥石にとっても、包丁にとってもいかに大切なことであるか、おわかりいただけていることかと思う。歪んだり、曲がったりした砥石を使っていては、包丁はいくら上手に研いでも曲がってしまう。それだけ砥石の面直しは大切なメンテナンス工程なのだ。

　もしこうした凹みや斜面を見つけたら、面直しをして、平らにしなくてはいけない。市販されている面直し用砥石の主たるものはビトリファイド製法でつくられた荒砥であることが多いが、ダイヤモンド砥石というタイプもある。前者は比較的

安価で入手しやすいが、通常の砥石と製法が同じであるため砥石に削られて形が崩れてしまう。このため、砥石を使う前には必ずあらゆる方向から砥石を目視で確認し、歪みがないかチェックする。これは、砥石を置いた際に上から見てまっすぐに見えても、横から見るとわずかに凹みがあったり、また斜めになっていたりすることがあるためだ。後者は非常に硬く、曲がりにくいため、平面を保ち続ける。デメリットとしては高価であることが挙げられるが、長期的に使うことを考えれば充分に回収できる投資だろう。なお、面直しの仕方については109ページで詳説している。

砥石は包丁をケアする道具であって、砥石自体に何か特別なメンテナンスが必要かといわれると、そこまで気を遣う必要はないはずだ。しかしながら、包丁における「錆び」に匹敵するほどの問題として、砥石の「歪み、凹み」という問題がある。これを防ぎ、かつ清潔に使い続けるために、どんなことに気をつけるべきかを解説していきたい。

洗浄

使い終えたらそのつど水洗い。
次回の研ぎへの影響を最小限に

　砥石で包丁を研いでいると、砥石の表面が削られて砥粒と呼ばれる砂のような粒が出てくる。これが水と合わさって泥のようになり、表面を汚していく。基本的にはこの泥は、砥石を使い終え、番手の異なる砥石に変える際にそのつどよく水洗いする必要がある。これは、表面に砥粒が残った

ままだと次回の研ぎに影響を及ぼしたり、研いだまま洗わず、面直しもせず放っておくと金属片が砥石の中で錆びついたりすることがあるためだ。
　また同じ理由で、砥石を変える際は必ず刃に付いた砥粒や泥を洗い落とす必要がある。面直し用砥石を使って面直しをした後も同様に、表面をよく水洗いしてから包丁を研ぎはじめるとよいだろう。

保管

直射日光と水気を避け、
風通しのよい屋内で陰干しを

　砥石を使い終えたら、上記の通りよく水洗いをして砥粒や包丁の金属の破片を洗い落とし、自然乾燥させて水気を切る。ある程度表面が乾いたら、風通しがよく、直射日光が当たらないところで陰干しする。日光があまりに強く当たる場所など、急激な温度変化が起こり得る場所に置くと、砥石

の劣化につながるためだ。ケースなどがある場合はケースにしまい、もしなければそのまま、新聞紙などの通気性のよい素材で包んでもよい。特にマグネシア製法でつくられた砥石に関しては、長期間水に浸けたままにする、ぬれた布巾で包んでおくといった行為は厳禁で、溶けたり、ヒビ割れが生じたり、といった劣化を引き起こす恐れがある。包丁やまな板と同じで、できるだけ風通しがよく水気の少ない場所での保管がおすすめだ。

まな板の日々のケア

洗浄

熱に弱いプラ、洗剤に弱い木。
材質の特徴を理解し適切な方法を

　プラスチック製のまな板に関しては、基本的には中性洗剤や漂白剤、アルコールスプレーも使うことができる。ただし、熱に弱いという一面もあり、熱湯をかけたり、食器洗浄機に入れたりすることはNGだ。木製のまな板に関しては、洗剤との相性はそこまでよくない。しかし、単なる水洗いでは衛生的に不安も残る。そこで有効なのが、表面に粗塩やレモンの断面をすり込んだ後に洗い流すことだ。ぬめりを取り除き、抗菌作用も期待できる。洗剤を使いたい場合は、界面活性剤の少ない、泡立ちのよい弱アルカリ性洗剤などを使うとよいだろう。なお、使うのはスポンジよりもたわしのほうがおすすめだ。これは、表面の細かな刃傷の隙間汚れを取り去りやすいためである。

抗菌

アルコールスプレーの他、
レモン果汁や熱湯消毒も効果あり

　まな板の上は常に食材による雑菌にさらされている。これを衛生的に保つためにはこまめに抗菌、殺菌することが欠かせない。プラスチック製まな板は、中性洗剤での洗浄に加え、漂白やアルコール消毒が有効である。木製まな板に関しては、本来抗菌成分を持つものも多いが、こまめなケアをするにこしたことはない。まず、熱に強いため、熱湯消毒が可能である点は大きなメリットだろう。加えて、レモン果汁を表面にぬり込むことも、一定の効果が期待できる。さらに、木製まな板もアルコールスプレーの使用が可能であるため、食材を切ったらそのつど水洗いをしてよくふき、スプレーを噴霧するとよいだろう。しかし、漂白剤は木の抗菌成分を弱めてしまうため使用できない。

包丁や砥石と同じように、まな板も日々のケアが大切だ。常にあらゆる食材と触れるという用途上、衛生管理は欠かせない。また、刃が当たることによってできる表面の傷や、急な温度変化によって引き起こされる反りなどといった不具合もある。これらに対する予防策や対処法を知っておくことで、まな板をより長期的に使えるようになるはずだ。

乾燥

反りが出てしまわぬように
まっすぐ立てて乾燥させる

　まな板も材質を問わず、包丁や砥石と同様に水気の多いところでの保管、水に浸けっぱなしにするといったことは避けたほうがいい。カビや表面の黒ずみが発生しやすくなるためだ。洗い終わったら、必ず水気をよく切って乾いた布で全面をふき、風通しがよい屋内の、まっすぐ立てられるところで乾燥させる。この時できるだけ壁や調理台といった面に触れる面積を減らして風通しをよくしたいため、まな板専用のスタンドを使うことをすすめる。壁などに斜めに立てかけて乾かす人もいるが、これはまな板に反りが出やすくなるため適切な方法ではない。また、木製の場合は急激な温度変化によって反りや割れが起きやすくなるため、天日干しや、直風を当てることは避けたい。

削り

表面の刃傷や黒ずみは
削ることで取り除ける

　まな板も、砥石と同じように表面に歪みや傷といった凹凸が出てきたら、これを削って平面にととのえ直すことができる。深めの凹みがある場合にはメーカーや業者に持ち込み、カンナなどで削ってもらう必要があるが、浅めの凹凸であれば、市販のまな板削りなどを使って直すこともできる。ちなみに、木製だけでなく、プラスチック製まな板も表面を削り直すことはできるため、刃傷や黒ずみが気になる場合は、トライしてみてもよいだろう。なお、表面は削るというアプローチで修繕ができるが、全体が反ってしまったり、ヒビが入ってしまったりした際は修理が難しいため、買い替える必要が出てくる。それを防ぐ意味合いでも、日頃から適切なケアを心がけるとよいだろう。

| 包丁 編 |

Q 1 自分に合う包丁がわかりません。どうやって選んだらいいですか。

まずはどんな素材を切りたいか、という用途から形を選び、次に求める使い心地から刃の材質を選んでみましょう。

» P012〜P013を見てみましょう

Q 2 和包丁と洋包丁の違いはなんですか?

実は明確な定義や規格はありませんが、元々は、日本由来の形は和包丁、西洋由来の形は洋包丁とされてきました。この流れで片刃のものが和包丁、両刃のものが洋包丁とされていた時代もありましたが、両刃の和包丁や片刃の洋包丁も増えてきたことで、刃ではなくハンドル部分のほうが、見分けがつきやすくなってきました。現在はハンドル部分が木製で、交換が可能な差し込み式のものを和包丁、ハンドル部分を鋲で留めた交換が容易にできないものや一体型のものを洋包丁としていることがほとんどです。

» P015〜P020を見てみましょう

Q 3 「高い包丁＝いい包丁」といわれました。

価格と品質は、ある程度は比例するかもしれませんが、高額なものが必ずしも良質とは限りません。職人が1本1本鍛造してつくる包丁は、手間暇がかかるため値段も上がりやすいですが、機械と比べるとわずかなズレやばらつきが出やすいというのも事実です。このため、包丁を買う際は曲がっていないか、ねじれはなさそうか、よく見て確認するようにしましょう。「高いからよい包丁」ではなく、「よい包丁は価格も高くなりやすい」と考えるとよいかもしれません。

Q 4 包丁の良し悪しはどこを見ればいいのでしょうか。

実際のところは切ってみないと真価はわからない部分もあります。ただ、刃物屋ですべての包丁の試し切りをできるわけではありません。まずは手に取って確認できる点についてお伝えしましょう。

1. 歪みと刃線

まずは包丁に曲がりがないか確認しましょう。曲がりがなければ刃線を確認し、凹みがある、反りが部分的に強いといった問題がないか見ます。刃元側が広く、切っ先に向かって徐々に先細る流線型になっているかを目視でしっかり確認しましょう。

2. 全体のバランス

柄を軽く握り、上下に切っ先を振って中子がたつかないかを見ます。手で持った際に重みや全体のバランスが使いやすそうか、自分に合いそうかどうかを確かめてみましょう。

3. 裏面

新品の片刃構造の包丁は裏押しをしていない場合があります。平らな板などの上に裏面をのせて、表面から指で触って大きなかたつきがないかを確認しましょう。

4. 欠けやヒビ

一見綺麗に見える包丁でも表と裏に欠けやヒビがないとはいい切れません。よく目視で確認しましょう。

5. しのぎの状態

しのぎの角がぼやけていないか、しのぎが刃線と平行に研がれているかを目で見て確かめましょう。

Q5 欠けたり摩耗したりした刃は
どこにいくのですか？
知らぬ間に食べてしまって
いるのでしょうか。

目で見てもわかるくらいに大きく刃こぼれが起きてしまった場合には、必ず破片を探しましょう。一方で、包丁は使い続けていると自然に摩耗していきます。この摩耗した鋼材はまな板に付いたり、食材に付いたりすることもありますが、自然に摩耗するものであれば、非常に微量であるため、健康には害はないとされています。

Q6 購入したばかりの新品の包丁が
曲がっています。
どうしたらいいですか？

高級な包丁であっても、名のある職人さんがつくった包丁であっても、曲がっていることがないとはいい切れません。購入する前に見極められることがベストですが、もし購入後にその曲がりや歪みに気がついたら、自分自身で研いで直そうとせずに、購入した刃物屋やメーカーなど、専門家に相談するようにしましょう。

» P107を見てみましょう

Q7 刃と柄の間に隙間が
あるような気がします。
がたつきはどのように直せますか？

新品の包丁で柄にがたつきがある場合は、メーカーや刃物屋に問い合わせをしてみましょう。もし使っているうちにがたつきが出てきたなら、柄の内部が腐食しているケースも考えられます。この場合は、そのまま使い続けると危険なので、買い替えるか、メーカーに柄の付け替えが可能かどうかを確認してみましょう。

Q8 包丁に黒い錆びが
出てしまいました。
どうしたらいいですか？

刃先のあたりであれば、砥石で研ぐなどして落とすことができます。刃先以外に錆びが出てしまった場合は、ワインコルクや市販の錆び取り消しゴム、クレンザーなどを使って洗うことで落とすこともできます。ただし、黒錆びが出ても、包丁の機能には支障はありませんし、健康に害もありません。さらには長年使うことによってできた黒錆びであれば被膜効果があるため落とさないほうがよいとする見解もあります。

Q9 ハガネの包丁を使ったら
変色しました。
どうしたらいいですか？

ハガネの包丁は肉や魚の脂、野菜のアクなどとの化学反応で瞬間的に変色することがあります。しかし包丁の機能自体には支障はありませんし、しっかり洗えば健康に害もありません。ただそのままでは不衛生に見えること、また赤錆びが隠れていることもあるため落とすほうが無難です。クレンザーなどの磨き粉をワインのコルクや野菜の頭などに付けてこすることで落とすことができます。その際に包丁の刃先をこすってしまい、切れ味を落としてしまうケースがあるため、磨いた後は軽く研ぎをして終わると気持ちのよい状態で使えます。

| 包丁 編 |

Q10 ハガネの包丁に赤い錆びが出てしまいました。どうしたらいいですか?

赤い錆びが出てしまった場合は早めに落とさなくてはいけません。腐食が内部に及ぶ危険性があるためです。落とし方は変色した時と同じで、クレンザーをワインコルクや野菜の頭などに付けてこするとよいでしょう。かなり深い錆びになった場合は砥石で研げる箇所なら研いで、研げない箇所なら耐水ペーパーで取るようにしましょう。

Q11 ステンレスとハガネってどう違うんですか?どっちが優れていますか?

優劣ではなく用途や使い方との向き不向きで考えるとよいでしょう。一般的には西洋料理に使う方はステンレス鋼を、和食に使う方はハガネを求める方が多いです。加えて、こまめにメンテナンスをするのが難しい方であればステンレス鋼を、こまめにメンテナンスをしてでも包丁としてのパフォーマンスのよさを求める方であればハガネを買い求める傾向にはあります。
» P026〜P033を見てみましょう

Q12 食器洗浄機は使えますか?

推奨されていません。他の食器やカゴに刃が当たることで刃こぼれを引き起こす可能性があり、またハンドル部分の腐食など劣化を引き起こす危険性があるためです。包丁を洗う際は、洗剤を使い、スポンジや手で洗うことが推奨されています。

Q13 柄の交換はできますか?

和包丁のような差し込み式の包丁であれば、柄の差し替えは可能です。購入した刃物屋やメーカーに問い合わせてみましょう。洋包丁であってもハンドルの付け替えを引き受ける刃物屋やメーカーもあるため、確認してみましょう。

Q14 熱湯をかけることはできますか?

毎日のように頻繁に熱湯をかけ続けることは避けましょう。片刃の包丁は、鋼が膨張して地金側に曲がってしまったという報告もあります。ただ刃に熱湯をかけて乾かすことで、速乾性が高まるため、錆びの発生を防ぐ効果が期待でき、長期に渡り保管する際などには有効です。また直火で炙るなどの行為は避けてください。あまりに高い温度だと、包丁の「焼き」が戻り、切れ味を左右する硬さを損なう危険性があります。
» P128を見てみましょう

Q15 包丁を切った時に食材が刃にくっ付くのですが、なんとかなりませんか?

この課題へのアプローチを試みたのが「ディンプル包丁」と「穴あき包丁」です。ぜひ試してみてください。ただし、穴あき包丁に関しては強度の面で心配もあり、また構造上長く研いで使い続けることを前提としていないため、その点留意しておきましょう。
» P035を見てみましょう

Q 16 穴あき包丁やディンプル包丁を研ぐことはできますか？

研ぐことはできますが、穴あき包丁の場合ある程度研いでいくと刃先と穴が近くなり、刃先の強度が落ちたり、刃先に凹凸ができたりするため寿命は短いです。

Q 17 刃が大きく欠けてしまいました。ここから研いで直せますか？

欠けた包丁を直す場合、必ず欠けがなくなるまで包丁全体（欠けていない部分）を削ることになります。このため、欠けが大きければ大きいほど、削らなくてはいけない量が増えます。荒砥を使って削っていくことはできますが、時間も労力も技術も要する作業となるため、刃物屋や研ぎ専門店に持っていき、研いでもらうのが望ましいです。また、こうしたトラブルが起きることを想定し、あらかじめ同じ包丁を複数本持っておくこともリスクヘッジとして大切です。

Q 18 包丁の寿命は何年ほどですか？

何年という明確な基準はありません。使う頻度や研ぐ頻度、メンテナンスの仕方に応じていくらでも寿命は伸び縮みします。ただ、使っていて「無理を感じたら買い替え時」といえるでしょう。具体的には、牛刀などを研ぎすぎて、切る時に刃よりも先に柄を握る指がまな板に付くようになるなど、物理的な不都合が生じ、使用感が大きく変わってしまった時などは、新しいものに買い替える必要があるといえるでしょう。

Q 19 購入した包丁に刃付けがされているのかがわかりません。どうしたらいいですか？

プロの目から見ても、新品の包丁に適切な刃付けがなされているかどうかは判断が難しいというのが正直なところです。綺麗に研いであるように見える刃先でも、実際に食材を切ってみるとまったくうまく切れないということは多々あります。購入した店で、「刃付けはしてあるか、自分でする必要があるか」と確認するのがいちばんです。

Q 20 柄の部分がふくらんでしまいました。どうしたらいいですか？

木製の柄の場合、手入れをせずに長期間使い続けていると腐食が進んで柄がふくれてしまうことがあります。柄の差し替えで解決すればよいですが、中子が傷んでしまっている可能性が高いため、刃物屋に相談しましょう。柄を取り外して確認した際に、中子の腐食が酷くて修理ができず、柄も元に戻せない場合は買い替えを検討しましょう。

Q 21 鋼材の名前が多すぎてわかりません。どれを買えばいいですか？

正解はありませんが、最適な鋼材はあるはずです。それぞれの特徴を知って、求める性能や特徴から最適な一つを選んでみましょう。
» P026、P030を見てみましょう

｜ 砥石 編 ｜

Q1 砥石を持っていません。シャープナーで代用できないのでしょうか。

砥石とシャープナーとでは、研げる場所が異なります。砥石は包丁を切れるようにするためのすべての作業が可能ですが、シャープナーは刃先のみを研ぐ道具です。一時的に刃のシャープさが必要な場合はシャープナーも有効ですが、「厚みを減らして形をととのえ、刃付けをし、長くいい切れを保てるようにする」という本来の研ぎは砥石でないと難しいのです。両者は用途が異なる、と認識しておくとよいでしょう。

Q2 包丁はどれくらいの頻度で研げばいいのですか？

目的によります。包丁を使うことの目的を、「食材を切ること」に置くのか、「食材をおいしく切ること」に置くのか。後者に置くのであれば、毎日研ぐのが理想です。研ぎたての100点満点の切れ味が食材のおいしさをつくるとしたら、包丁を使って切れ味が落ちるとともにおいしさも落ちていくためです。これをよしとして、「とりあえず切れればよい」とするのであれば、必然的にその頻度は下がるはずです。

Q3 「カエリが出たら研ぎ終わり」、このカエリってなんですか？

カエリは刃ガエリ、バリなどともいわれます。刃物を研いだ際に出る刃の研ぎくずのことで、研いでいる面の反対側の面の刃先にめくれるように出てきます。このカエリが出たら刃が削られたということなので、「研ぎ終わり」の一つの指標になるわけです。

Q4 包丁を研いでる時に出てくる黒い泥のようなものは、砥石と包丁、どちらから出てくるものですか？

削られた刃物の鋼材や、砥石の砥粒が合わさったものです。

Q5 出てきた泥はどうすればいいですか？

そのまま洗い流さずに泥の上で研ぐこともできますが、水で洗い流しながら研ぐこともできます。前者は削れた砥粒も利用しながら研ぐことができるため、より早く包丁を研ぐことができ、後者はより精度高く研ぐことができます。たとえば早く刃の厚みを取りたい時なら水を流さず泥を利用して研ぐ、正確に刃付けをしたい時なら水で流しながら研ぐ、というように、その時の研ぎのフェーズに応じて泥を活かすか否かを判断するとよいでしょう。

Q6 研ぐ時の力加減はどれくらいがよいですか？

まずは1時間研ぎ続けても疲れない程度の力加減を身につけましょう。「研ぐ力」というのは、研ぐ人間の力加減だけでなく、砥石の粒度と硬さによっても左右されます。したがって、強く押さえたからといって強く研げる（たくさん削れる）ということではありません。

Q7 研いでも研いでも刃が曲がります。なぜですか?

もし正しい研ぎができているのであれば、元々の刃が曲がっていた可能性があります。専門店に見てもらう必要があるので、次回研ぐ前に、どこがどのように曲がっているのか、あらゆる角度から目視で確認してみましょう。

» P107を見てみましょう

Q8 ステーキナイフを研ぐことはできますか?

その材質によります。もしステンレス製であれば研ぐことはできませんが、ステンレス鋼製であれば研ぐことができます。

Q9 砥石が凹んでいるように見えます。直せますか?

面直し用砥石といって、砥石を直すための砥石があります。これを毎回使うことで、砥石が常に平面を保つように心がけましょう。

» P053を見てみましょう

Q10 砥石をコンクリートブロックや地面で直す人もいると聞きました。

コンクリートブロックやアスファルトの地面などに砥石をこすり付けることで表面を削ることもできなくはないですが、これらが平面である保証はありません。また、研ぎの最中には頻繁に面直しを行なうことが基本であるため、面直し専用の砥石を買うべきでしょう。

Q11 砥石にヒビが入ってしまいました。まだ使えますか?

砥石がヒビ割れを起こしてもしっかり面直しをして平らにすることで使用することが可能です。ただし砥石が薄くなってきた時に、研ぎの圧力でヒビから割れてしまう可能性が高まるため、ヒビが大きくなってきたら、買い替えを検討しましょう。

Q12 包丁を研いでも、砥石の上でつるつると滑るようになりました。目詰まりを起こしているのでしょうか?

研ぎはじめは滑るような感覚がなく、途中からつるつると滑るようになったら、目詰まりを起こしていると考えられます。目詰まりが起きた時は、面直しをしっかりすれば元通りに直すことができます。逆に、使いはじめから滑るような感覚がある場合は、砥石が合っていない可能性もありますが、ステンレス鋼の包丁だとそもそも滑って研ぎにくい、という声も聞かれます。この場合は、面直しをした際に出た泥を水洗いせずに残したまま、その泥を利用して研いでいくと、研ぎやすくなります。

Q13 面直し用砥石も、砥石と同じように水に浸してから使うのでしょうか?

水に浸けなくても使えますが、基本的には給水させてから使ったほうがいいです。ダイヤモンド砥石を使う場合は、水に浸ける必要はありません。

| 砥石 編 |

| まな板 編 |

Q14 荒砥を使って研いだら包丁の表面に傷がたくさん付きました。直せますか?

中砥や仕上げ砥で研いでいくことで、表面の傷を目立たなくしていくことはできます。刃物を研ぐ際は、目が粗く、低い番手の砥石から研ぎはじめ、徐々に番手を上げて目の細かい砥石で研いでいき、一つ前の砥石で付いた傷をなくすように研ぐことで表面をなめらかにしていくのが基本とされています。このため、巷では「荒砥→中砥→仕上げ砥の順で研ぎましょう」といわれますが、実のところ、荒砥は刃物を「削りすぎる」という側面があるため、実際は日常的に使うのには向きません。刃こぼれを起こしている刃物に対して、周囲を「しっかり削らなくてはいけない」時などに使う砥石なので、日常の「切れ味を取り戻す研ぎ」には、そもそも使わないほうがいいといえるかもしれません。
» P055を見てみましょう

Q15 うまく研げません。コツはありますか?

少し長期的な視点を持ってみましょう。研ぎは「知識」と「技術」が両方揃ってレベルが上がっていくものです。知識だけは立派でも研いだ経験が数時間程度しかない、というのでは頭でっかちですし、逆に現状、とても綺麗に研げている人でも、知識の裏付けがなければ、包丁や砥石、環境が少し変わった時に対応できる力がありません。要は両方大事だということです。この知識と技術を両立するには、研ぎの知識が得られる本を読んでは包丁を研いで、しばらくしてまた本を読み返してみるということが有効です。最初に読んだ時にはわからなかった理論も、経験を積めば「そういうことか」と腑に落ちることが多々あります。逆に、自分の研ぎが正しかったのだ、という裏付けも本から得られます。

Q1 まな板が反ってしまいました。どうしたらいいですか?

その反りがごくわずかな表面的なものであれば、まな板を削ることで、平面を取り戻すことはできるかもしれません。ただし、木の反りというのは見た目以上に複雑なもので、表面上の解決が根本解決になるとは限りません。まずはその状態を見極めるためにも、購入した店舗やメーカーに一度相談してみましょう。日頃の使い方やメンテナンスの仕方次第で反りの発生を防ぐこともできるので、その点を理解しておくとよいでしょう。
» P132〜P133を見てみましょう

Q2 カビが生えてしまいました。どうしたらいいですか?

プラスチック製のまな板であれば、漂白剤が使えるため、漂白剤とたわしなどを使ってしっかりと洗浄し、乾燥させるとよいでしょう。また、専用の研磨剤もあるため、これで表面を削るという方法もあります。木製の場合は漂白剤が使えないため、ヤスリやまな板磨きで表面を削ってカビを取り除きましょう。

Q3 表面の黒ずみが気になります。何が効きますか?

プラスチック製のまな板であれば、漂白剤を使って洗いましょう。木製の場合は漂白剤が使えないため、ヤスリやまな板磨きで表面を削って表面を磨きましょう。なお根本解決には至らないかもしれませんが、オープンキッチンなどでの作業には、黒いまな板は汚れが目立ちにくいため人気が高いです。もちろん、こまめに洗浄することが解決へのいちばんの近道です。

Q4 天日干しをしたいのですが。

日光消毒のイメージから、天日干しは衛生的という認識が生まれやすいのもうなずけます。ただ、局所的に日光が当たるような場合や、急激に温度が上下する場所、またあまりに高温になる季節の天日干しは反りが出やすくなるため、避けたほうがよいでしょう。同じ理由から、ドライヤーの使用も厳禁です。まな板は素材を問わず、水分をふき取って風通しのよい屋内で乾燥させるのがいちばんです。

Q5 包丁の鋼材と、まな板の材質の相性の良し悪しはありますか?

鋼材によってではなく、用途によってまな板との相性の良し悪しは変わります。叩き切るような動きが多い場合は、木だと表面に傷が付きやすく、平面を保ちづらいため避け、プラスチック製のまな板や、叩き切りに特化した専用の柔らかい素材を使ったまな板を使いましょう。
» P056〜P058を見てみましょう

Q6 表面に刃傷が付いてボロボロになりました。どうしたらいいですか?

使い方にもよりますが、プラスチック製に比べると、歯当たりの柔らかい木製のほうが、表面に傷は付きやすいです。とはいえ、材質関係なく、まな板は傷が付くものです。この傷はそのままにしておくと食材や手指に引っかかって非常に危険です。これに対してのアプローチとしては2つあり、1つはメーカーや専門業者に持ち込んで削ってもらうこと。2つは日常的にヤスリやまな板磨きで表面を削ることです。

Q7 熱湯をかけても平気ですか?

木製のまな板であれば、熱湯をかけて消毒することができますが、あまりに高頻度、かつ長期的にかけると反りや割れの原因になります。プラスチック製は熱に弱いため、熱湯や高温の場所は避けましょう。反りが出やすくなります。
» P132〜P133を見てみましょう

Q8 まな板は両面使ってもいいのですか?

両面同じ素材でつくられているまな板であれば、むしろ、交互に表裏を使うことで反りが出るのを防げます。

Q9 漂白はできますか?

プラスチック製のまな板は漂白できるものがほとんどですが、木製は木の油分が失われることで抗菌成分が弱まってしまうため、使用を避けましょう。木製まな板を洗浄、抗菌したい場合は表面に塩や半割にしたレモンをすり込んで洗い流すといったことが有効です。

Q10 どれくらいの頻度で抗菌すべきですか?

何日に1回やれば大丈夫、という定義はありませんが、やはり頻度は高いほどよいでしょう。毎日抗菌できれば理想的です。漂白や浸け置きとまではいかなくても、木製もプラスチック製もアルコールを使用できるため、アルコールスプレーで消毒をこまめにすることで、少しでも清潔な状態を保てるようにしたいところです。

参考文献

『食の道具大全 料理道具の歴史・デザイン・使い方』
柊風舎／コリン・マイナット 著、小川 昭子 訳／2022年

『庖丁 和食文化をささえる伝統の技と心』
ミネルヴァ書房／信田圭造 著／2017年

『キッチンの歴史 料理道具が変えた人類の食文化』
ビー・ウィルソン 著、真田由美子 訳／2019年

『包丁と砥石』柴田書店編／1999年

『刃物あれこれ 金属学からみた切れ味の秘密』
アグネ技術センター／加藤俊男、朝倉健太郎 著／2013年

『実践 料理の味から追求した 包丁研ぎの技法』
誠文堂新光社／藤原将志 著／2022年

『包丁と砥石大全』
誠文堂新光社／一般社団法人 日本研ぎ文化振興協会 監修／2014年

『包丁入門 研ぎと砥石の基本がわかる』
柴田書店／加島健一 著／2015年

『刃物のはなし』さ・え・ら書房／加藤俊男 著／1985年

『刃物のおはなし』日本規格協会／尾上卓生、矢野 宏 著／1999年

『日本の包丁2021』ホビージャパンMOOK／2020年

『月刊専門料理』柴田書店／2000年4月号〜12月号、2018年3月号、4月号

『プロ仕込み 包丁テクニック図解』
大泉書店／後藤学園武蔵野調理師専門学校 監修／2003年

『形別 魚のおろし方』柴田書店編／2009年

『プロのためのわかりやすい日本料理』
柴田書店／辻調理師専門学校 監修、畑 耕一郎 著／1998年

『新版 プロのためのわかりやすい中国料理』
柴田書店／辻調理師専門学校 松本秀夫、中国料理研究室 著／2010年

『よくわかる 中国料理基礎の基礎』
柴田書店／辻調理師専門学校 監修 吉岡勝美 著／2007年

『中国食文化事典』
角川書店／木村春子、鈴木 博、高橋登志子、能登温子 著／1988年

『基礎からわかるフランス料理』
柴田書店／辻調理師専門学校 監修、安藤裕康、古俣 勝、戸田純弘 著／2009年

『完全理解 日本料理の基礎技術』
柴田書店／分とく山 野崎洋光 著／2004年

———————————
取材協力
———————————

辻調理師専門学校

大阪府大阪市阿倍野区松崎町3-16-11
☎06-6629-0206
https://www.tsuji.ac.jp

日本料理／山下あずさ
西洋料理／山﨑頌悟
中国料理／川﨑元太

釜浅商店

東京都台東区松が谷2-24-1
☎03-3841-9355
https://www.kama-asa.co.jp

月山義髙刃物店

三重県松阪市久保町1843-3
☎0598-29-0352
http://www.tsukiyama.jp

———————————
監修
———————————

一般社団法人 日本包丁研ぎ協会
代表理事　藤原将志

この1冊で
もう迷わない

包丁・砥石の

選び方
使い方
育て方

初版印刷　2023 年 2 月 25 日
初版発行　2023 年 3 月 10 日

編者ⓒ　　柴田書店
発行者　　丸山兼一

発行所　株式会社柴田書店
　　　　〒113-8477
　　　　東京都文京区湯島3-26-9 イヤサカビル
　　　　営業部　　　03-5816-8282（注文・問合せ）
　　　　書籍編集部　03-5816-8260
　　　　https://www.shibatashoten.co.jp

印刷・製本　シナノ書籍印刷株式会社

ISBN 978-4-388-06362-8
ⓒShibatashoten 2023
Printed in Japan